上海市2024年度“科技创新行动计划”科普专项项目（24DZ2304000）

你好！前沿科技

深蓝探索

胡玺丹　卓京鸿◎主编　何慧子　乔上娱◎著　姚婷◎绘

華東理工大學出版社
EAST CHINA UNIVERSITY OF SCIENCE AND TECHNOLOGY PRESS

图书在版编目(CIP)数据

你好！前沿科技. 深蓝探索 / 胡玺丹, 卓京鸿主编；何慧子, 乔上娱著；姚婷绘. -- 上海：华东理工大学出版社, 2025. 7. -- ISBN 978-7-5628-7810-0

Ⅰ. N49；P754-49

中国国家版本馆CIP数据核字第2025XR2101号

策划编辑 / 曾文丽
责任编辑 / 刘　颖
特约编辑 / 张润梓
责任校对 / 赵子艳
装帧设计 / 居慧娜
出版发行 / 华东理工大学出版社有限公司
地址：上海市梅陇路130号，200237
电话：021-64250306
网址：www.ecustpress.cn
邮箱：zongbianban@ecustpress.cn
印　　刷 / 苏州工业园区美柯乐制版印务有限责任公司
开　　本 / 787 mm×1092 mm　1/16
印　　张 / 3
字　　数 / 50千字
版　　次 / 2025年7月第1版
印　　次 / 2025年7月第1次
定　　价 / 30.00元

序言

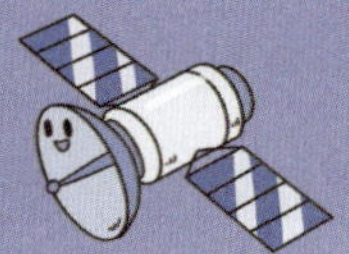

当“天问”探火、“嫦娥”揽月、“蛟龙”入海成为现实图景，当量子计算突破算力边界、人工智能重构生产模式、基因编辑改写生命密码，我们正身处一个科技深刻改变人类命运的时代。上海科技馆展教团队结合自身科普教育经验，精心创作《你好！前沿科技》系列丛书，恰是为公众打开了一扇眺望未来的窗口。欣闻图书即将出版，我很高兴能为这套凝聚心血的科普力作撰写序言。

在人类文明发展的历程中，科技始终扮演着至关重要的角色。回望过去，人类第一座可控核反应堆“芝加哥一号堆”的成功运转，开启了原子能时代；第一台通用计算机“埃尼阿克”的诞生，开启了数字时代；第一次发现 DNA 双螺旋结构，开启了分子生物学时代……创新似浪，奔涌不息！科技重塑着我们对世界的认知，改变着人类文明的轨迹。面向当代科技“指数级跃迁”的发展，公众亟需对前沿科技有更广更深的认知，来理性地看待科技发展带来的机遇与挑战，更好地适应这个日新月异的时代。尤其是广大青少年，对于他们而言，科普前沿科技更是意义深远。

我曾见过许多孩子沉浸于科技馆的互动展品，流连忘返，面对神奇的科学实验秀发出一阵阵惊叹。青少年时期是思维最活跃、好奇心最旺盛的阶段，而优秀的科普图书正是打开科学之门的钥匙。《你好！前沿科技》系列科普图书分为《数字智能》《能源材料》《深蓝探索》《生命科学》四本分册，共选取 80 个前沿科技话题，深入浅出地解析前沿科技背后的科学原理，多维度揭示前沿科技对生产生活的影响。

在《数字智能》中，你将看到信息技术、数字技术、人工智能技术是如何让我们的生活更加智能的；在《能源材料》中，你会惊叹人类生存的根基——从石墨烯的原子级革新，到核聚变的人造太阳梦想，从光伏电池对太阳能的极致转化，到海水制氢开启的蓝色能源革命；在《深蓝探索》中，你会踏上人类探索未知领域的伟大征程，伴“雪龙 2”号破冰船以双向破冰技术劈开南极冰原，随“奋斗者”号载人潜水器在万米海沟完成深潜试验；在《生命科学》中，你会见证科技对生命的守护，CAR-T 细胞疗法打造抗癌“特种兵”精准消灭癌细胞，基因编辑技术挥动“魔法剪刀”修复缺陷基因。《你好！前沿科技》以最具话题性和创新性的科技“新鲜事”，撬开青少年探索科技的好奇心；通过大量简洁生动的插图，将抽象的概念可视化，增加阅读的趣味性；搭配 STEM 课程、前沿科技实验室探秘等科普视频，让阅读跳出书本，在理论与实践的对话中构建完整的科学认知体系。

最后，我郑重地向广大读者尤其是青少年朋友们推荐本书，《你好！前沿科技》的独特价值在于：它既不是艰深晦涩的学术报告，也不是浮浅零散的快餐资讯，而是在学术性与可读性之间找到了巧妙的平衡点。希望《你好！前沿科技》系列科普图书可以以理性之光照亮科学探索的前路，引领大家走向更广阔的科学天地，在青少年读者心中播下科学的种子，助力青少年成为中国科技创新的明日之星。

全国政协委员
上海科技馆馆长

CONTENTS 目录

“黄金矿工”是如何在海上安家的？

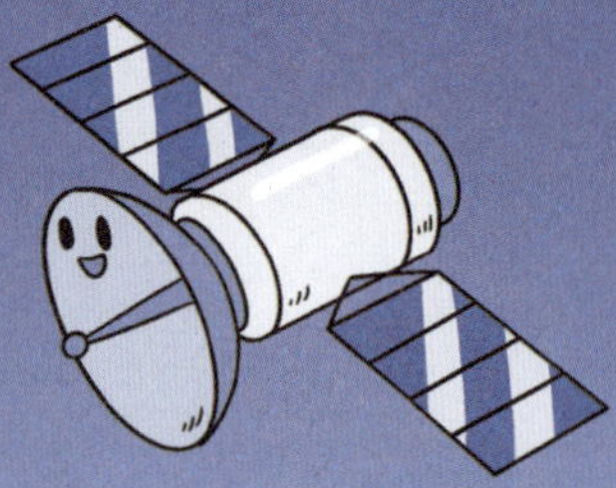

科技前沿

2024 年 8 月 26 日，中国海油对外宣布，我国海上压力最高的天然气开发井——“深海一号”二期项目 A12 井完成钻井作业，测试日产量达到 83 万立方米。

你玩过《黄金矿工》小游戏吗？它可是很多人的童年回忆。在中国海南陵水海域上，也有一位“黄金矿工”，不过它开采的不是黄金，而是海底天然气。

“深海一号”为什么能稳稳停留在海面上？

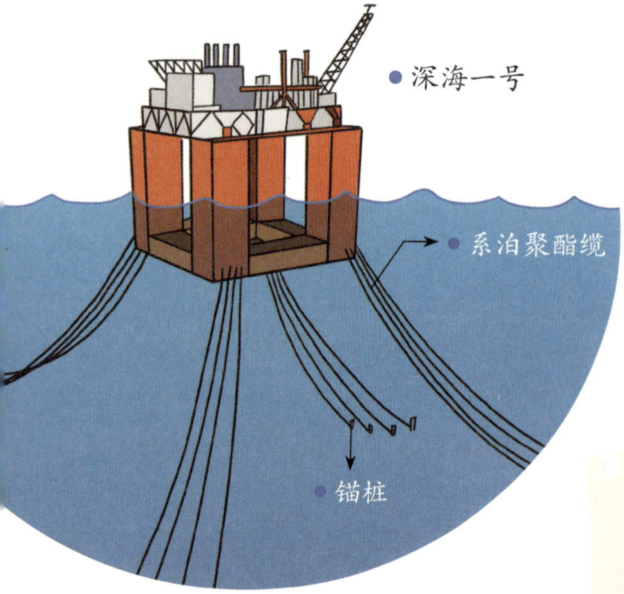

2021 年 6 月 25 日，我国自主研发建造的全球首座十万吨级深水半潜式生产储油平台——“深海一号”能源站正式投产，用于开发我国首个自营勘探开发的 1500 米超深水大气田，标志着我国海上油气勘探开发能力全面迈向“超深水时代”。能源站总高度达 120 米，重达 5 万多吨，由 24 万多个零部件组成，为什么这个庞然大物可以稳稳停留在海面上呢？

按照国际石油界的共识，海洋油气开发海域水深超过 500 米的区域，被称为深水油气田；而水深超过 1500 米的区域被称为超深水油气田。

这要归功于海面下的“定海神链”——系泊缆。施工团队先将 16 根单根重约 160 吨的锚桩插入海底 60 多米的岩层中，然后用每条长度超过 2500 米、直径有碗口粗的 16 根系泊缆分别与之相连。系泊缆 4 根一组，分别从东北、东南、西南、西北四个方位连接在“深海一号”的 4 根立柱上。

不仅如此，这些系泊缆的材料也大有讲究。它们可不是普通的钢缆，而是高强度的系泊聚酯缆。与常规的钢缆相比，聚酯缆的重量更轻，仅为钢缆的$\frac{1}{43}$，但它的强度却比钢缆更高，每根能承受 2000 吨的张力，哪怕是 16 级的台风也能抗住。

“深海一号”为什么可以 30 年不回坞?

为什么“深海一号”可以长时间待在工作岗位上呢？它不会被海水腐蚀吗？关键就在于它装备的“电子防护盾”—— 外加电流阴极保护系统！这套装置通过向船体持续输送防护电流，在金属表面形成一层均匀的电子防护层。这层肉眼看不见的“电子铠甲”，能有效防止船体与海水中的腐蚀性物质接触，可以有效地减缓腐蚀过程，保护船体。

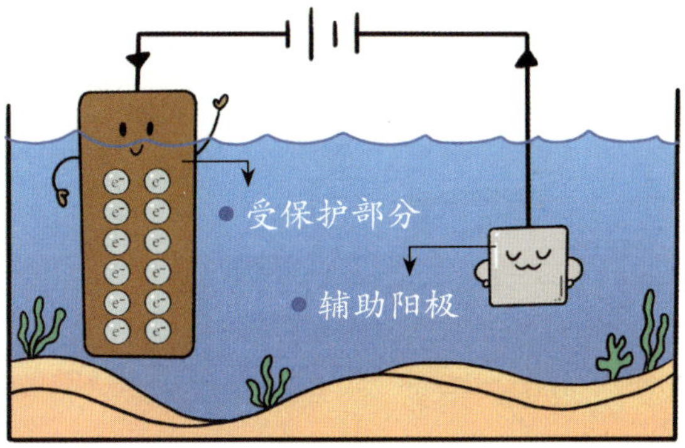

外加电流阴极保护系统就是将船体作为阴极，利用外部直流电源施加电流，使船体表面产生阴极极化，从而抑制钢结构溶解，减缓金属腐蚀。

2024 年 9 月 27 日，“深海一号”二期工程正式投产，标志着我国完全攻克深水高压油气藏开发这一世界级难题。全面投产后，“深海一号”整体的天然气年产量将增长到 45 亿立方米以上，相当于海南省 2023 年天然气消耗总量的 1.67 倍。

超级重器

“梦想”号的梦想是什么？

科技前沿

2024年11月17日，由我国自主设计建造的首艘大洋钻探船“梦想”号在广州正式入列，标志着我国在深海探测关键技术装备领域取得重大突破。

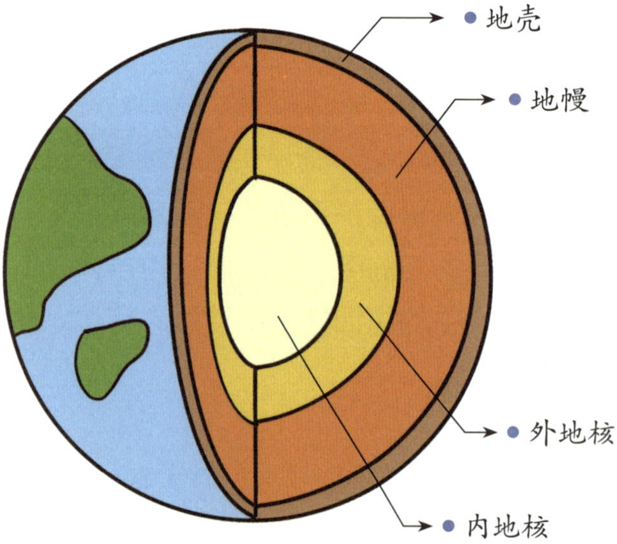

如果我们想探寻地球科学的秘密，就需要深入地球内部。人类提出“钻穿莫霍面”的梦想已经六十多年，但是实际上只钻透了不到三分之一的深度。要想实现这个梦想，一定要有新型钻探船。于是，承载着无数人“向下”探索梦想的“梦想”号超深水大洋科考钻探船应运而生，它的使命便是探索地球内部的奥秘！

莫霍面是地壳与地幔的分界面，全称是“莫霍洛维奇不连续面”。大陆地区的莫霍面较深，为30～40千米；海洋地区的莫霍面较浅，但也有6～7千米。因此最佳的钻探地点就在海洋。

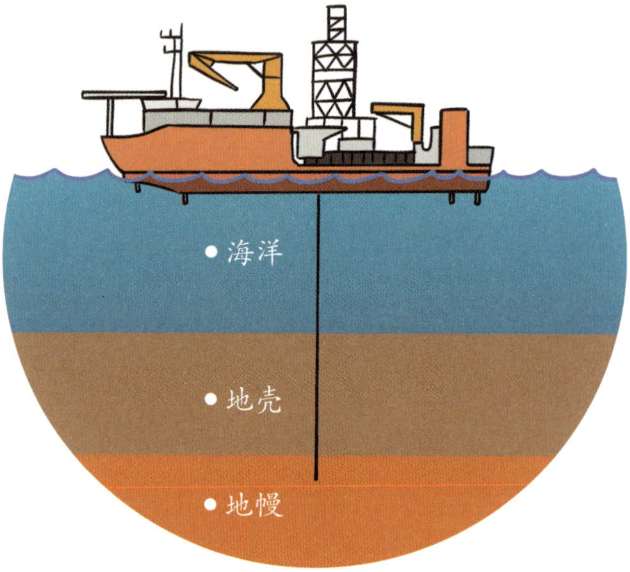

海面上的科考实验室

“梦想”号钻探船的总吨位约 33000 吨，总长 179.8 米，型宽 32.8 米，续航力达 15000 海里，可在不进行补给的情况下连续在海上工作 120 天，其稳定性和结构强度更是可以扛住 16 级台风！不仅如此，它具备全球海域无限航区作业能力，是全球最先进的大洋钻探船之一。

“梦想”号不仅仅是一艘钻探船，它还是全球面积最大、功能最全的海洋科学实验室，设有基础地质、古地磁、微生物、海洋科学、天然气水合物等九大实验室，总面积超过 3000 平方米。在实现钻采作业监测的同时，还可以智能协同完成各种科学实验。

大洋钻探船中的明日之星

大洋钻探船的钻探管可以深入到海底几千米甚至更深，就像给地球做了一次“深层取样”，帮助科学家了解地球内部从未揭示的秘密。

国际大洋钻探计划是地球科学领域开展时间最久、影响最深的国际合作研究计划，最早可追溯到 1968 年。这个计划的主要目的是通过大洋钻探船或平台获取海底沉积物和岩石的样品数据，探究地球演变历史、板块构造运动、深海极端环境生命及资源等地球科学问题。

由于大洋钻探船设计建造的难度大，造价高昂，此前，全球只有 2 艘大洋钻探船。“梦想”号突破了十多项关键技术，完成了多项国际首创设计，是目前全球唯一一艘具备 11000 米钻探能力的钻探船。

未来，我国将通过“梦想”号等装备自主组织航次，开展国际合作，联合引领新一轮国际大洋钻探计划的开展。

“雪龙 2”号如何破开南极的坚冰？

科技前沿

2025 年 4 月 12 日，执行中国第 41 次南极考察任务的“雪龙 2”号踏上返程，这也标志着我国首次南大洋秋季科考任务圆满收官。

“雪龙 2”号于 2019 年 7 月交付使用，是我国目前最先进的极地破冰船，长 122.5 米，型宽 22.32 米，破冰能力达到 PC3 级，能以每小时 2~3 节（约等于每小时 3.7~5.5 千米）的航速，在 1.5 米厚冰加 0.2 米厚雪的海况下连续破冰航行。

破冰船分轻型、中型和重型，破冰能力从 PC1（最强）到 PC7（最弱）。“雪龙 2”号的破冰能力为 PC3 级，是中型破冰船的最高等级。

“雪龙 2”号如何在航行中破冰？

穿越极地冰原向来是航海界的重大挑战，但“雪龙 2”号却一往无前地开辟着极地航道。“雪龙 2”号整个船体使用了特殊钢材，外壳最厚的地方达 100 毫米，比常规船舶板材厚 30%~50%。它的船首冰刀采用了特殊的铲形设计，让它可以凭借强大的推力爬上冰面，再凭借自身重量将冰层压碎。

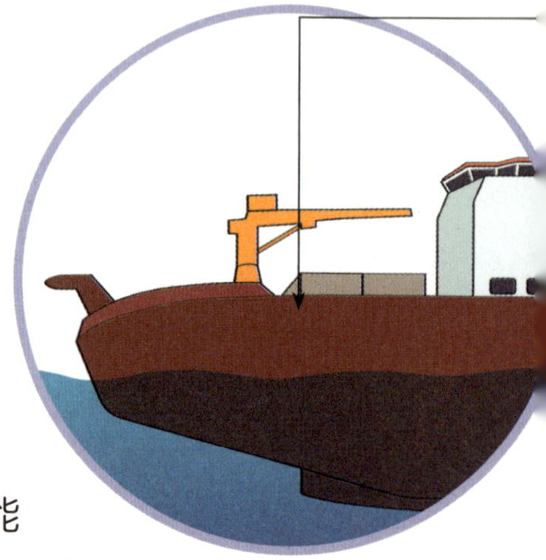

越靠近南极，冰层就越厚，仅凭自身的重量不再能够将冰层压碎，怎么办呢？别急，“雪龙 2”号的船头还装有压载水舱，通过向船头中注水增加船头重量，就可以进一步增强破冰能力。

“雪龙 2”号的绝招
——双向破冰！

不只是冰层，“雪龙 2”号还会遇到冰脊。冰脊就像是一座小型的冰山，水面以下还暗藏着冰墙，想要把这一堵冰墙给撞碎就需要先倒退一段距离。但刚刚冲碎的冰这时已经重新聚拢在船尾，“雪龙 2”号似乎进退无能了。怎么办？

绝招来了——双向破冰！

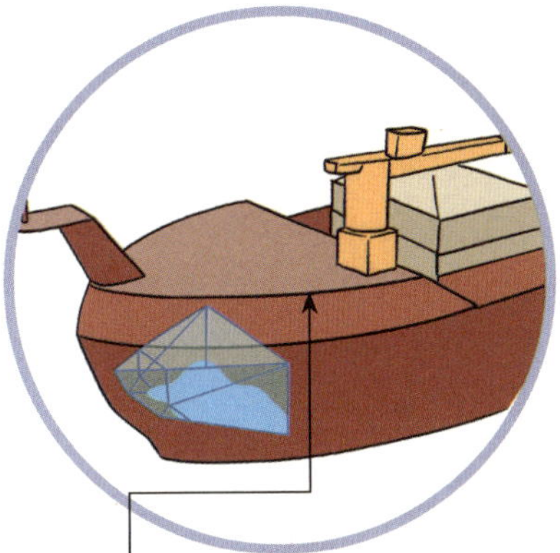

“雪龙 2”号是全球第一艘采用艏、艉双向破冰技术的极地科考破冰船，不仅船头可以破冰，船尾也可以！这主要靠船尾的两套吊舱式全回转推进系统，让船可以直接原地 360° 自由转动，船尾变成船头实现双向破冰。这套系统就像刨冰机一样，在高速旋转时可以将海面下的冰脊削碎，同时形成抽吸作用，把 10 多米厚的冰脊掏空。这时候，原本厚厚的冰脊就如同“纸老虎”一般不堪一击。至此，道路一片畅通！

“雪龙 2”号填补了中国在极地科考重大装备领域的空白，也为科考人员提供了更广阔的科考作业范围和更长的时间窗口。

C919 的机翼
有什么特别之处？

扫一扫，看视频

科技前沿

2023 年 5 月 28 日，中国商用飞机有限责任公司制造的首架国产大飞机 C919 执飞的东航 MU9191 航班由上海飞抵北京，标志着 C919 圆满完成首个商业航班飞行，正式进入民航市场。

你有没有坐过我国自主研发的 C919 大飞机？如果有，你注意到它的机翼了吗？这些看似普通的机翼，其实是我国首次在大型民用客机上自主设计的超临界机翼，它不仅让飞行阻力更小、油耗更低，还能让飞行更平稳！

伯努利原理
让飞机飞起来

飞机为什么能飞起来？这要从伯努利原理说起。我们可以做个有趣的实验：双手各拿一张纸平行垂放，纸张间隔 10 厘米左右，对着中间吹气，纸会迅速贴在一起。这是因为吹气时纸张中间的空气流速突然加快，根据伯努利原理，一条流管内气（液）体的流速越大，静压越小。此时纸外侧的空气流速更缓慢，压力就更大，外侧的高压就会把两张纸"推"向中间。

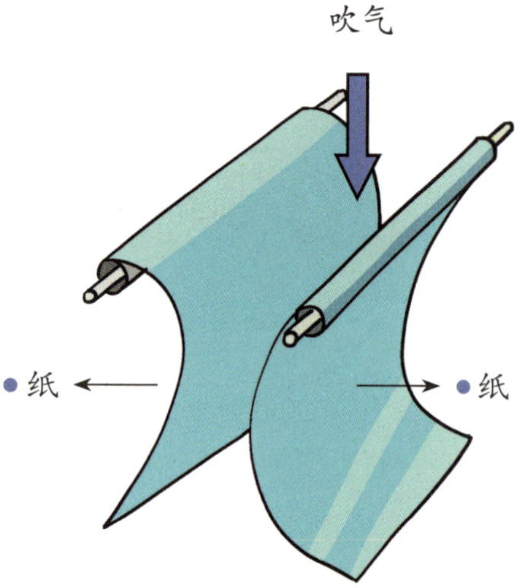

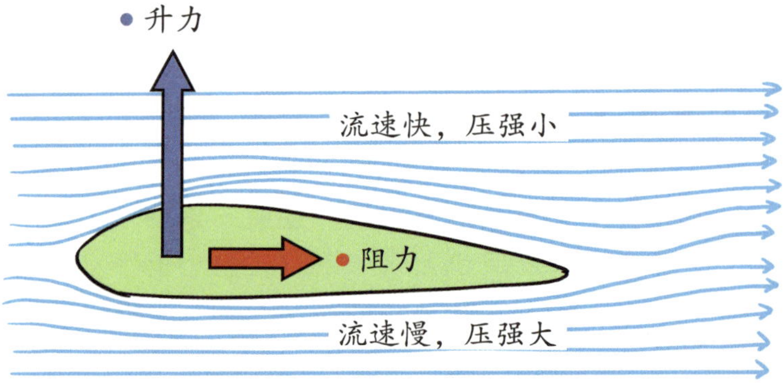

飞机起飞的基础理论之一就是伯努利原理。机翼上翼面弯曲，下翼面平坦，风迎面而来被分成上下两部分。经过上翼面的风被迫“绕远路”，因而流速快；经过下翼面的风走过的路程短，因而流速慢。流速慢压强大，流速快压强小，向上和向下的压强差就产生了作用在机翼上的向上的力，飞机就飞起来了。

超临界机翼

飞得更快、更稳、更节能

超临界机翼的历史可以追溯到 20 世纪 60 年代，美国国家航空航天局的理查德 · 惠特科姆首次提出“超临界机翼”这一概念并进行基础研究，以提高飞机亚声速飞行的巡航速度。

飞机在以接近音速的速度飞行时，上翼面空气流速会更快，甚至超过音速，从而形成一种叫激波的现象。激波会附着在机翼上，产生强大的阻力，这就需要更多的能量来让飞机飞起来。为了解决这个问题，科学家设计了超临界机翼。

相比于普通机翼，超临界机翼有两个关键特点：第一，上翼面更平坦，能够将激波产生位置后移并减弱其强度，减小飞行阻力；第二，下翼面有反凹，当气流到达反凹后，会沿着这个弧度“甩出去”，与从上翼面流出的气流汇合，有效延缓气流分离，优化升力分布。

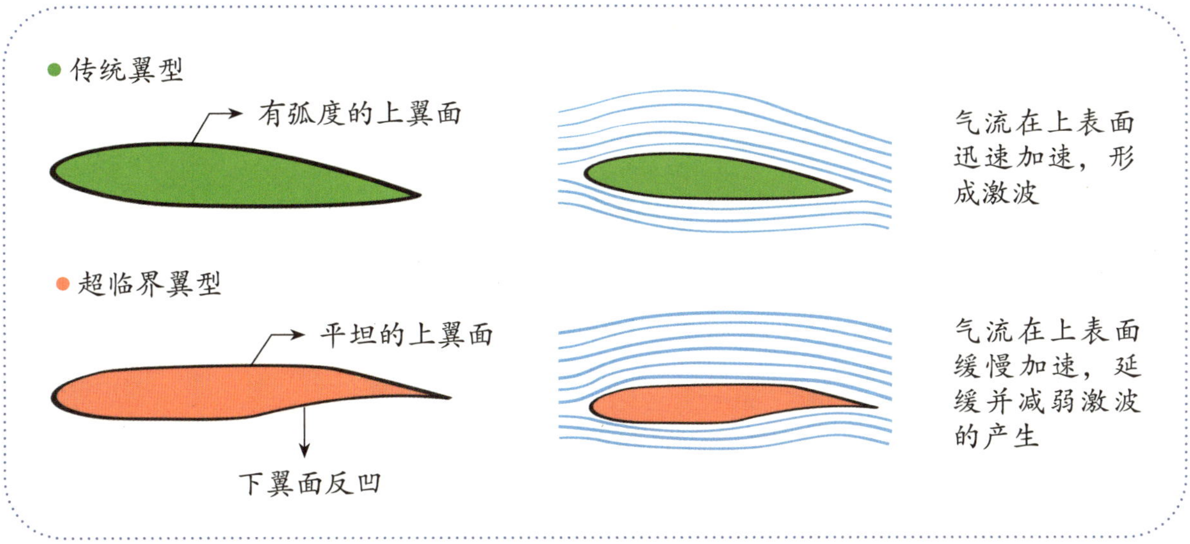

这种特点让它能够突破传统机翼的临界马赫数限制，超临界机翼也因此得名。相比于传统机翼，超临界机翼可以减小约 5% 的飞行阻力，节省大量燃油！

下一次乘坐 C919 时，不妨多观察一下它的机翼吧！

不用上天就能解开宇宙的秘密？

科技前沿

我国大科学装置高海拔宇宙线观测站“拉索”，在天鹅座恒星形成区发现了一个巨型超高能伽马射线泡状结构，首次找到能量高于 1 亿亿电子伏的宇宙线的起源天体。2024 年 2 月 26 日，该成果以封面文章形式正式发表于《科学通报》（*Science Bulletin*）。

对于未知事物，人们总是充满着好奇，你是不是也想知道宇宙是怎么形成的？除了我们熟知的载人飞船、空间探测器、太空望远镜等，宇宙线观测站也是人类探索宇宙的利器之一。

宇宙线是什么？

宇宙线是来自宇宙的高能粒子流。虽然我们无法用双眼观测到它，但是它会携带着宇宙起源、天体活动等重要信息造访地球。科学家们把宇宙线视作“银河陨石”，或传递宇宙大事件的“信使”。

“拉索”如何破译宇宙密码?

高海拔地区空气稀薄，宇宙线粒子在大气中的衰减较少，相较于低海拔地区，能收集到更多次级粒子。同时，高山远离城市光污染和电磁干扰，有利于探测器更精确地捕捉到来自宇宙线特征。

四川省稻城县海子山平均海拔 4410 米，国家重大科技基础设施——高海拔宇宙线观测站“拉索”就建在这里。2023 年 5 月 10 日，“拉索”顺利通过国家验收，成为目前世界上海拔最高、规模最大、灵敏度最高的宇宙线观测站。

切伦科夫辐射是介质中运动物体的速度超过光在该介质中的速度时发出的一种以短波长为主的电磁辐射，其特征是蓝色辉光。

“拉索”占地 1.36 平方千米，主要由地面簇射粒子探测器阵列（包括电磁粒子探测器阵列和缪子探测器阵列）、水切伦科夫探测器阵列和广角切伦科夫望远镜阵列组成。当原初宇宙线进入地球大气层后，会与大气中的氧、氮等原子核发生碰撞，产生一系列次级粒子，比如 π 介子、缪子（μ）、光子（γ 射线）、重子、中微子等。不同的探测器可以探测到不同能量的次级粒子，得到全方位的测量数据，也可以进行交叉探测，保证数据的准确性。

通过对这些数据进行分析重建、仿真模拟等处理，科学家们可以探究天体的起源和演化，揭开宇宙事件的神秘面纱及其背后的物理机制。

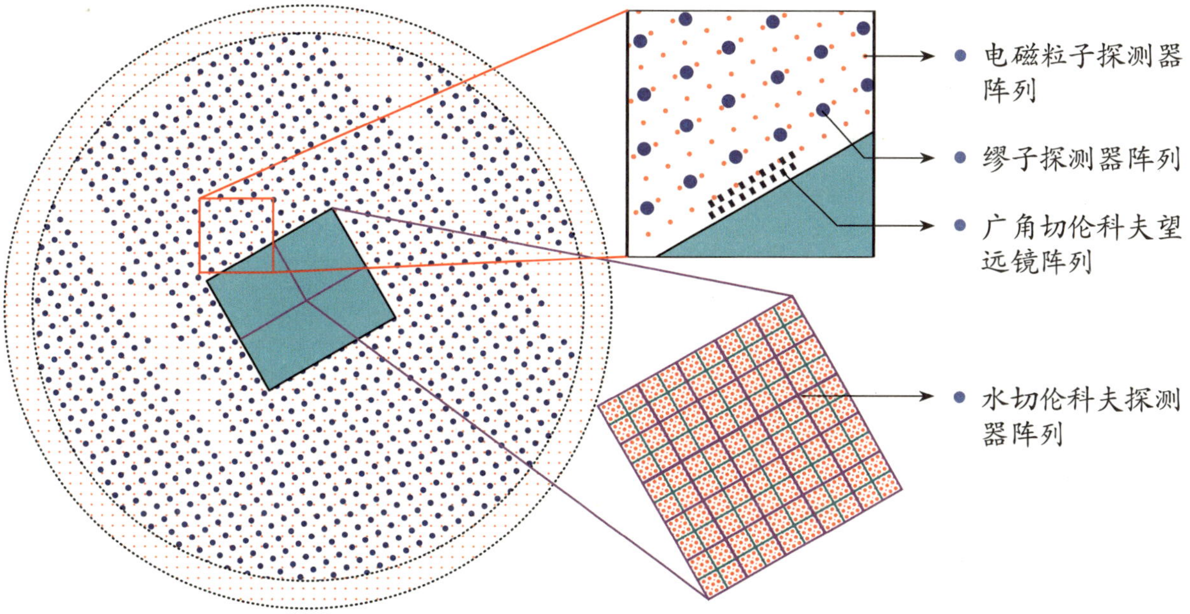

太空“伴手礼”的含金量有多高？

科技前沿

2024 年 11 月 4 日，神舟十八号飞船携中国空间站第七批空间科学实验样品顺利返回。其中，生命类实验样品于当日上午转运至北京并顺利交付，材料类和燃烧类实验样品后续随神舟十八号载人飞船返回舱运抵北京。

大家出去旅游的时候，常常会给亲朋好友带点当地的纪念品。航天员们“出差”回来也不例外。神舟十八号航天员乘组完成 192 天的太空任务后，带回一包重约 34.6 千克的“伴手礼”。我们一起来看看里面都有些什么吧！

太空“伴手礼”有什么不一样？

神舟十九号飞船于 2024 年 10 月 30 日成功发射，3 名航天员在轨驻留 183 天，于 2025 年 4 月 30 日顺利返回。

神舟十八号航天员们带回来的可不是普通的纪念品，而是各种科学实验样品，数量多达 55 种，涉及空间生命科学、微重力燃烧科学、空间材料科学等领域 28 项科学实验项目。

可能有人会疑惑：为什么要去遥远的太空做实验？这是因为，太空实验室独特的环境条件为科学研究提供了地球上难以模拟的优势：首先，空间站的重力大小只有地球的万分之一到千分之一，这种独特

的微重力条件让许多被重力掩盖的现象显现，比如火苗在太空中呈球形，不会像在地球上那样迅速蔓延；其次，长时间的微重力条件还能提升实验精度，用于研究引力波、光速和时间等基础理论；最后，太空环境的极端温差和强烈辐射条件也为材料科学和生命科学的实验创造了独特平台。为了研究这些条件对材料和生命的综合影响，实验室还配备了舱外暴露平台，用于探索材料耐受性和生命适应性等关键问题。这些优势使得太空实验成为揭示自然规律的重要窗口。

斑马鱼等
实验材料成为“明星”

斑马鱼体形小、繁殖快、发育周期短，在生命科学领域，它作为模式生物的“后起之秀”，被形象地称为“水中小白鼠”。

在跟随神舟十八号飞船返回的样品中，斑马鱼的鱼卵及其培养水样等实验材料可谓是众多“伴手礼”中的“明星”。这 4 位特殊的斑马鱼“乘客”与金鱼藻组成的“太空鱼缸”在空间站运行了 43 天。其间，由于微重力环境的影响，斑马鱼展现出了一些非常有趣的异常行为反应，包括腹背颠倒游泳（“仰泳”）、旋转运动、转圈等。这些行为变化为科学家们研究微重力对脊椎动物行为的影响提供了珍贵的数据。

结合斑马鱼的运动“纪录片"和这些返回的水样、鱼卵等样品，科学家开展了一系列空间环境对脊椎动物机能与行为的影响研究。在神舟二十号载人飞船上，“斑马鱼”航天员也再一次上岗！未来，人类一旦建立起自给自足的太空生态系统，那么远赴深空长期生活、工作将不再是梦想！

下潜海底一万米，
深海游鱼“奋斗者”号

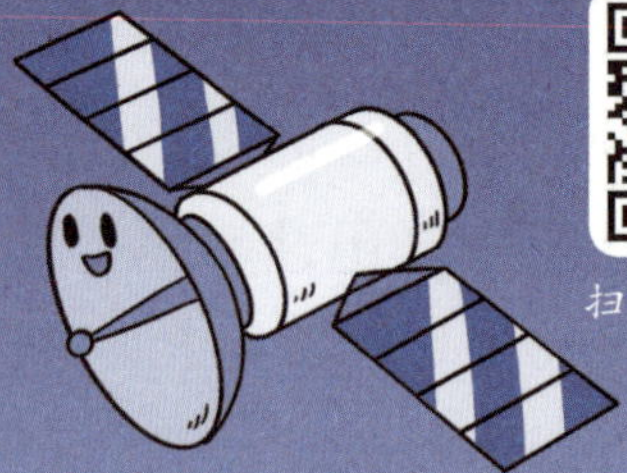

扫一扫，看视频

科技前沿

2023 年 3 月 11 日，“探索一号”科考船搭载“奋斗者”号全海深载人潜水器抵达三亚，顺利完成了国际首次环大洋洲载人深潜科考任务。此次科考共历时 157 天，“奋斗者”号共完成了 63 次有效下潜作业，其中 4 次下潜深度超过万米。

深海，有着极端的压力和复杂的环境，难以到达，却总令人充满遐想：真实的海底世界是什么样的呢？2020 年 11 月 10 日，载有 3 名潜航员的“奋斗者”号成功抵达马里亚纳海沟底部，下潜深度达 10909 米，刷新了中国载人深潜的新纪录。

“金钟罩”抵御千钧重压

从外观来看，“奋斗者”号像一条大头鱼，“鱼背”为橙色，“鱼腹”为绿色。这种设计并非仅为了美观：绿光在海水中衰减较小，便于水下观察和定位；橙色是在水面最容易发现的颜色，有助于母船快速回收潜水器。

潜入万米海底，首先面临的是压强挑战。随着深度每增加 10 米，压强便会增加一个大气压。如果到达马里亚纳海沟底部，潜水器将承受约 1100 个大气压，相当于每平方厘米就要承受约一辆小汽车的重量！

为应对深海的极端环境，中国科学院研究团队自主研发了高强度钛合金材料，打造出坚不可摧的载人舱球壳。这层“金钟罩”不仅能抵御深海压强，还为潜航员提供了安全、舒适的工作空间，成为“奋斗者”号的核心保障。

“超级大脑”来指挥

“奋斗者”号配备了一套智能控制系统，科学家们称其为“超级大脑”。这套系统不仅能在线智能诊断故障，还可实现海底自主避碰，极大地提升了潜水器的安全性和智能程度。此外，它还能精准操控机械臂完成深海岩石、沉积物和微生物的采集等工作，为科学研究提供重要数据。

水声通信是一种利用声波在水下进行信息传输的技术。水声通信系统由发送端和接收端组成，发送端将文字、语音、图像等信息编码成声波信号，通过水这一介质传播到接收端，接收端解码声波信号并将其恢复成原始信息。

“千里眼”“顺风耳”来助力

在漆黑的深海中，“奋斗者”号依靠先进的声呐系统和水声通信系统完成导航和通信。

声呐系统就像“奋斗者”号的眼睛，它们能够捕捉到声波触碰到物体后反射回来的信号。主控系统通过分析这些声波信号，就能够绘制出潜水器周围的环境轮廓，让“奋斗者”号即使在漆黑的深海中也能游刃有余。而作为沟通的唯一桥梁，水声通信系统可以帮助“奋斗者”号在万米深的海底与海面上的母船进行交流，实现文字、图像与语音的实时传输。

火箭上
“脱落”的部件是什么？

科技前沿

2024 年 10 月 30 日，搭载神舟十九号载人飞船的长征二号 F 遥十九运载火箭在酒泉卫星发射中心点火发射。这是我国载人航天工程进入空间站应用与发展阶段的第 4 次载人飞行任务，也是长征系列运载火箭的第 543 次飞行。

在观看航天员“太空出差”直播时，你有没有注意到这样一个场景：起飞后不久，火箭顶部突然有一个部件“脱落”！其实，这个“脱落”的部件是火箭逃逸系统的核心——逃逸塔。

有塔逃逸：
航天员的第一重保护

长征二号 F（简称长二 F）火箭被誉为“神箭”，是中国长征火箭家族中唯一的载人运载火箭。为保护航天员生命安全，长二 F 火箭比普通火箭多了一套专门的逃逸系统，包括有塔逃逸和无塔逃逸两种模式。

逃逸塔主要在火箭点火前 15 分钟的发射准备阶段，以及点火后 120 秒内的低空飞行阶段发挥作用。

点火前 15 分钟，航天员已经进入座舱待命，发射塔架也已打开。虽然火箭尚未起飞，但依然存在燃料泄漏、起火等风险，此时逃逸塔处于待命状态，随时可以启动并将航天员座舱拖离危险区域。

点火后 120 秒内，火箭飞行高度尚在 39 千米以下，空气阻力较大，如果突然出现发动机故障等险情，逃逸塔需在极短时间内作出响应。这个和“小火箭”一样的装置，凭借 70 余吨的推力，能在 3 秒内将轨道舱和返回舱从火箭整流罩中“拽”到 1500 米外的安全区域，然后借助降落伞系统让航天员平稳着陆，就像给航天员配备了一枚“逃生按钮”，为发射初期的航天员生命安全构筑关键防线。

无塔逃逸：
更高阶段的安全保障

当火箭飞行超过 120 秒后，随着速度和高度提升，逃逸塔的存在会增加飞行负担、影响性能，因此需要将其抛弃。

没有逃逸塔了，怎么继续保障航天员的安全？这时，火箭就进入无塔逃逸模式，整流罩上配备的数台高空逃逸发动机和高空分离发动机成为新的“生命守护者”。一旦出现紧急情况，高空逃逸发动机和高空分离发动机会先后启动，拖着航天员乘坐的轨道舱和返回舱与火箭快速分离，为航天员争取逃生时间。

除了逃逸系统，航天员在火箭发射和返回中还会穿着专门设计的舱内航天服，能够在短时间内应对舱内失压等突发状况。舱内航天服的设计灵感来源于飞行员的装备抗压服，内部集成了温控、通信和氧气供应系统，为航天员提供生命保障。

长二 F 火箭的逃逸系统自问世以来从未被真正启用过，但科学家们仍然持续不断地对它进行优化升级。正是中国航天人在安全性上的极致追求，才让航天员在“太空出差”时更加安心。

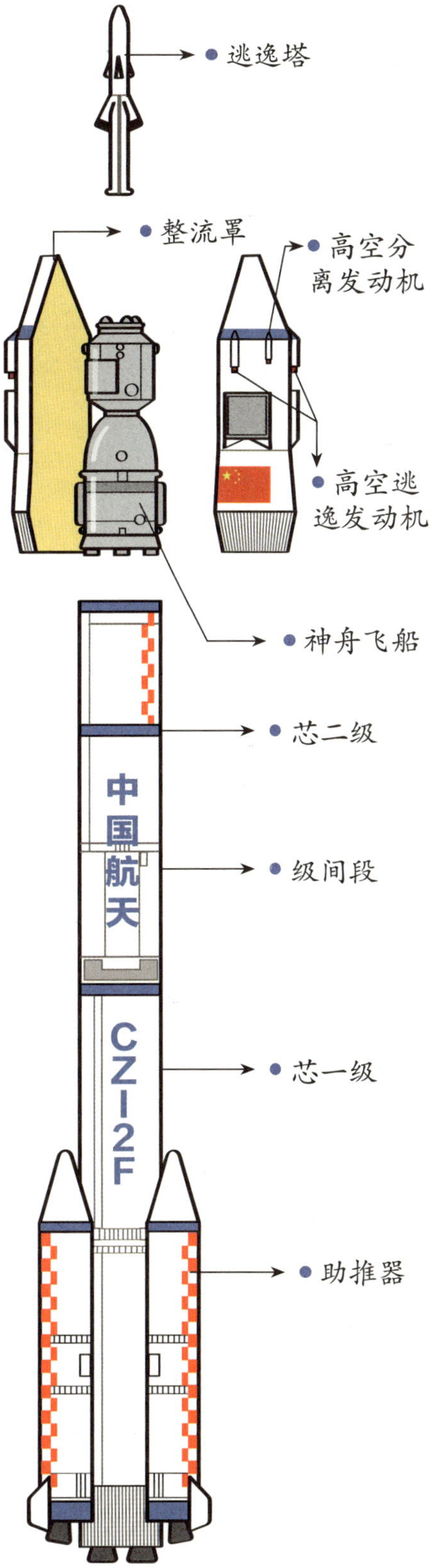

如何从月球背面“打包”月壤?

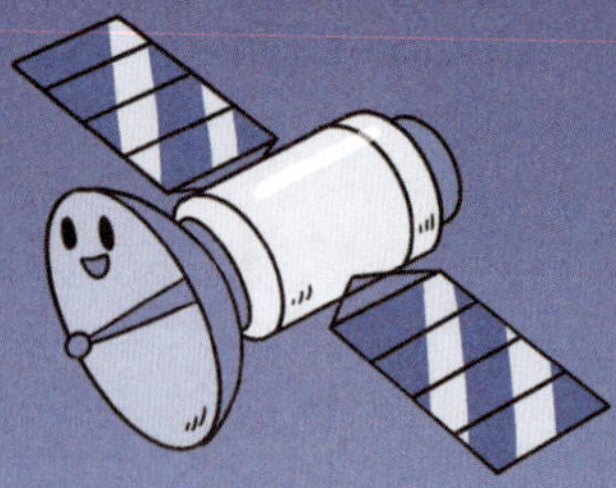

科技前沿

2024 年 6 月 25 日，历经 53 天的探月之旅，中国探月工程嫦娥六号探测器成功携带 1935.3 克样品返回地球，实现了人类首次从月球背面采样的壮举。

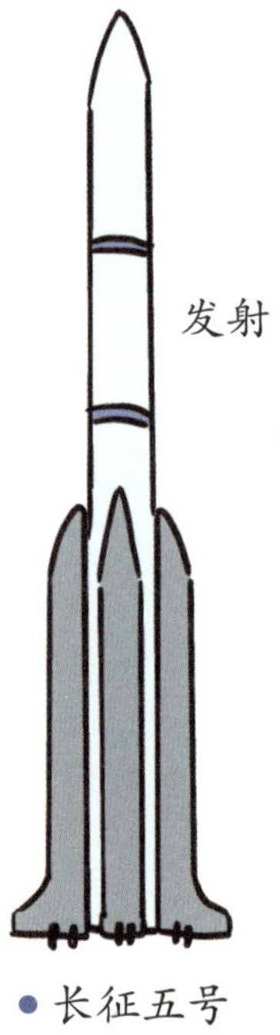

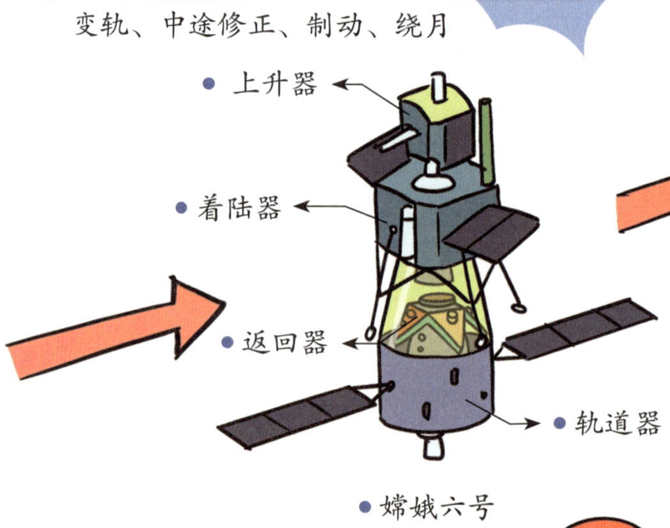

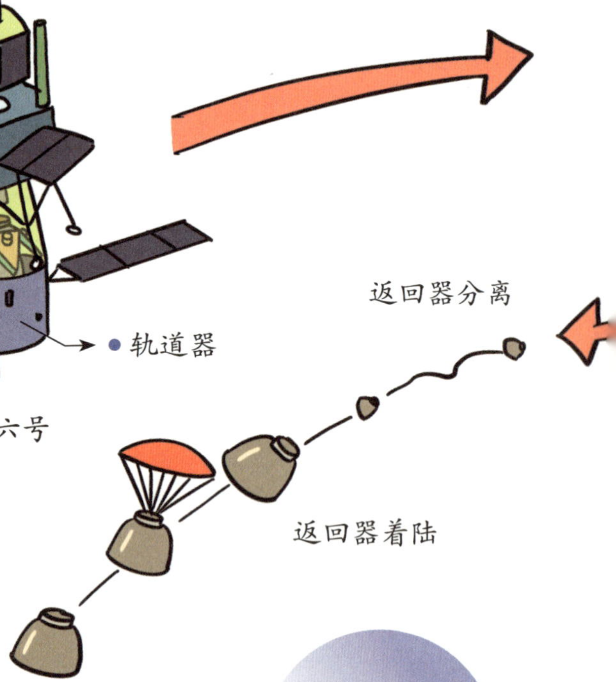

虽然月球会自转，但从古至今我们能看到的都是月球正面。为什么我们看不到月球背面？嫦娥六号又如何从月球背面把月壤打包回地球呢？

为什么我们看不见月亮的背面？

月球不只在绕着地球转，它也在自转，但由于地球和月球之间的引力作用，它的自转周期与公转周期逐渐同步，总是以同一面朝向地球。这时候，我们说月球被地球“潮汐锁定”了，我们自然就看不到月球背面了。

从嫦娥四号到嫦娥六号

月背被遮挡了起来，我们就无法与那里进行直接通信。在嫦娥六号之前，已经有嫦娥四号去月背“探路”过了，但无论是谁，都得解决这个问题。

科学家们想到了一个办法——中继卫星。它可以同时看到地球和月球背面，能帮助嫦娥六号与地球保持连续的双向通信。

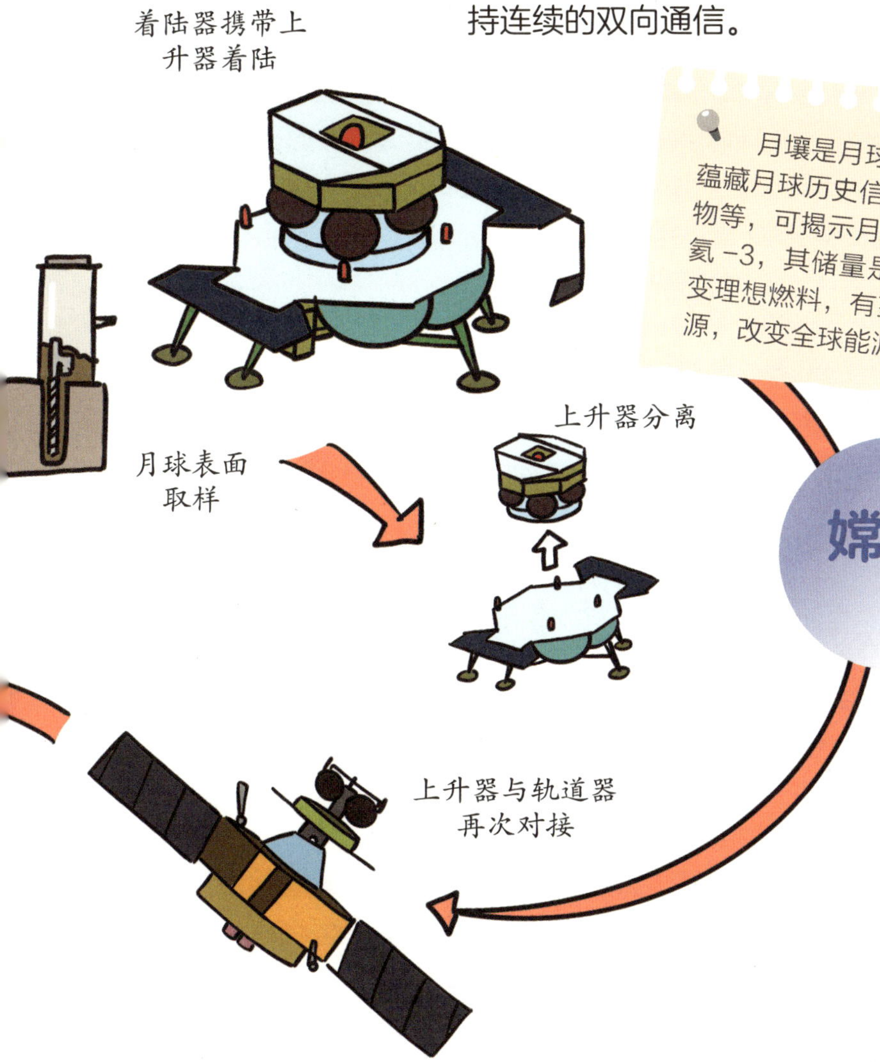

月壤是月球表面的一层细小颗粒物质，蕴藏月球历史信息，通过测定其同位素、矿物等，可揭示月球演化奥秘。此外，月壤含氦 -3，其储量是地球 200 万倍，作为核聚变理想燃料，有望为人类提供数万年清洁能源，改变全球能源格局。

嫦娥六号如何“打包”月壤

解决了通信问题，嫦娥六号还得干正事：“打包”月壤。在这方面，嫦娥六号可是专业的，它由“四件套”构成：轨道器、着陆器、上升器、返回器，这四样东西缺一不可。其中，轨道器主要负责往返月球期间的动力、能量、通信和交会对接需求等；着陆器负责携带上升器顺利降落月球，完成月面打钻采样、机械臂抓取采样和相关科研任务等；上升器负责携带收集的月壤样本，离开月球表面，与轨道器再次对接，将月壤转移至返回器中；返回器负责保管月壤采样样本，重返地球大气并被安全回收。

这些珍贵的月壤将被用于科学研究，为人类探索地月系统演化提供重要支撑。

如何给空间站
穿上铠甲？

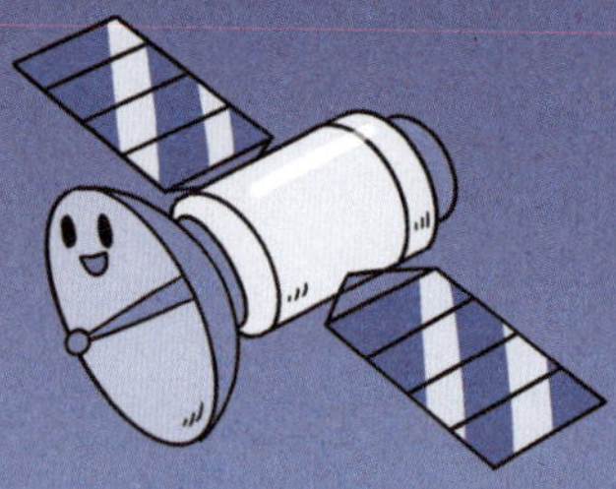

科技前沿

2021 年 4 月 29 日，天和核心舱成功发射入轨，我国空间站建造进入全面实施阶段。随后问天实验舱、梦天实验舱先后成功发射并完成对接。2022 年 11 月 3 日，三舱组合而成的空间站形成“T”字构型，这标志着中国空间站“T”字基本构型在轨组装完成。

在距离地面 400 千米的浩瀚太空中，“天宫”空间站正伸展着太阳电池翼，静静运行。在我们看不见的地方，有数十万片中国制造的“护身铠甲”正在为空间站保驾护航，这层铠甲虽然薄如蝉翼，却是抵御太空极端环境的关键防线。

为什么要给空间站穿上“铠甲”？

在地球周围，太空中的高能带电粒子会被磁场捕获束缚，形成了地球内辐射带和外辐射带。各国空间站和卫星都“扎堆”在 400 千米左右的轨道高度上，以避免辐射带的影响。

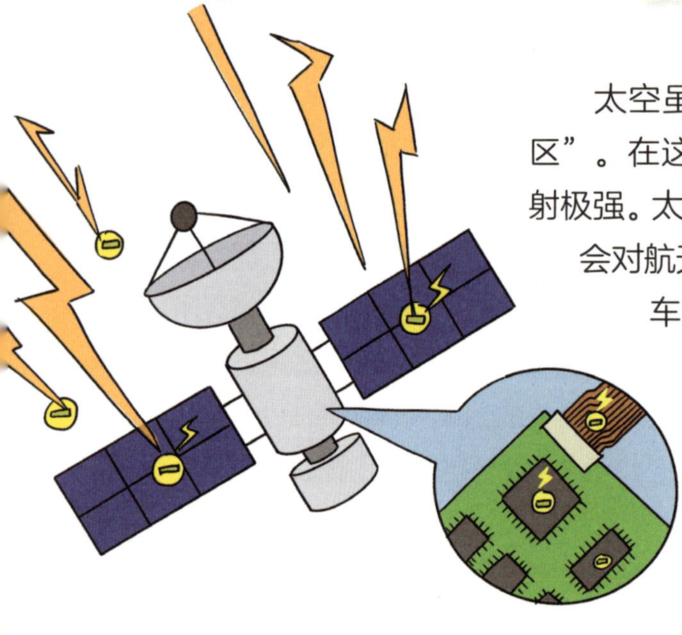

太空虽然辽阔，却是一个充满危险的“生存禁区”。在这里，空间站面临着诸多挑战：首先是辐射极强。太空中的高能带电粒子具有极强的穿透性，会对航天器的电子元件造成严重损伤；其次是“撞车”风险极高。太空中不仅充斥着高速运动的尘埃、微流星体和流星体，随着人类太空活动的增加，太空垃圾的数量也在急剧增长，这些高速运动的物体都会对航天器构成严重威胁。

空间站的“铠甲”居然是玻璃做的?

为了应对太空恶劣环境，科学家们给“天宫”空间站的电池阵及重要仪器设备穿上了特殊的“铠甲”——一张张邮票大小的抗辐照玻璃盖片。

这种玻璃盖片在保证高透光率的同时，可以有效屏蔽高能粒子、有害射线的辐射，而且具有一定的柔韧性，即使弯折也不会断裂。作为新一代特种玻璃产品，它的厚度只有 0.01 毫米左右，比以往的产品更轻，这意味着航天器可以携带更多仪器装备进入太空。此外，这种玻璃能够承受高达 1000 ℃的温度，同时能够在零上 200 ℃与零下 180 ℃的瞬间温差交变中保持性能稳定。

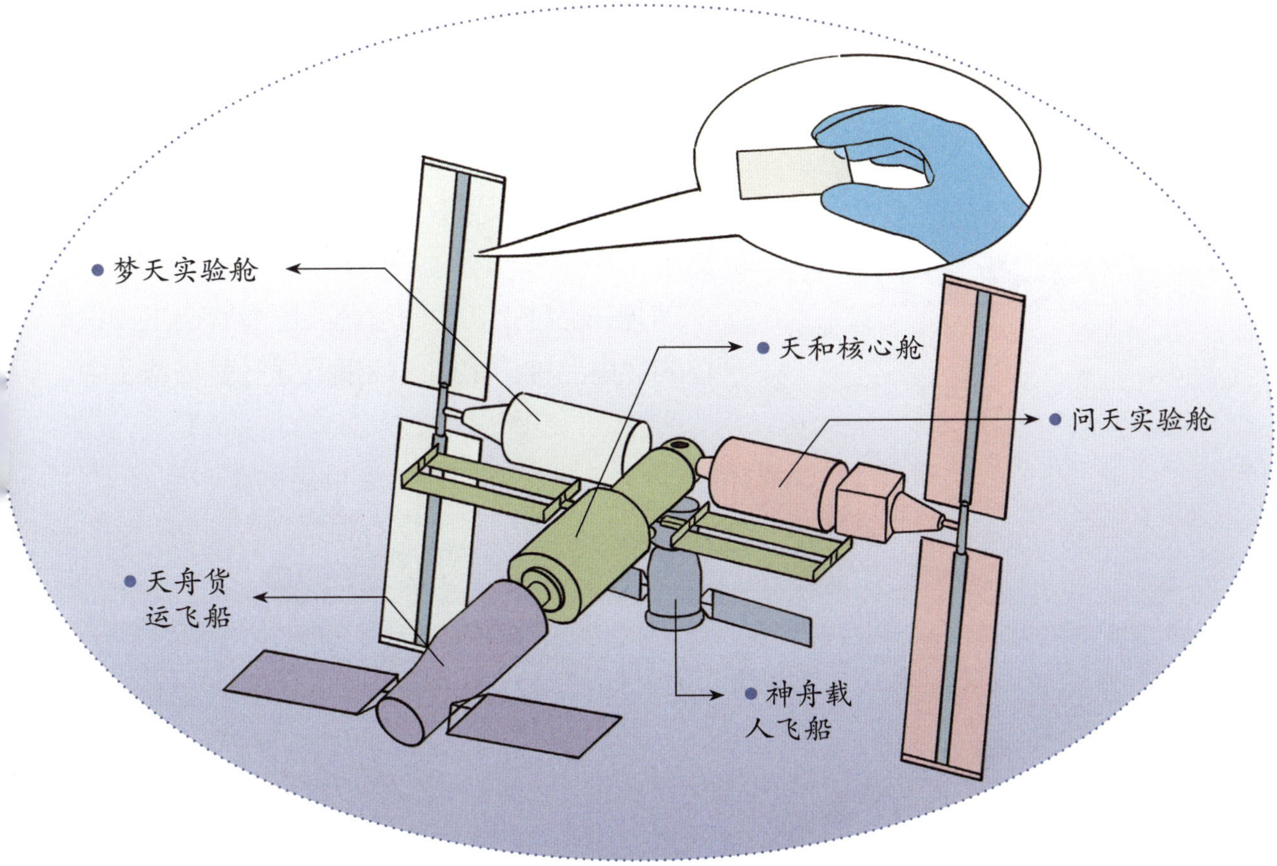

随着神舟系列飞船一次次成功发射，抗辐照玻璃盖片的性能也在不断优化升级，为航天器的安全运行提供更加坚实的保障。

怎样在
太空种粮食？

科技前沿

2024 年 10 月 24 日，中国首颗可重复使用返回式技术试验卫星——实践十九号卫星的任务圆满完成。卫星搭载的一批新“太空种子”在北京完成交付，这些植物载荷覆盖了粮棉油菜瓜果等主要品种。

电影《星际穿越》的结尾，人类在库珀空间站种起了粮食，金黄的麦田象征着人类的希望。你知道吗？太空种粮食可不是只有在科幻电影中才能实现，我国早就开始了航天育种的探索。

怎样才能成为“天选之种”？

航天器的每一克载荷资源都极其宝贵，因此，种子必须得经过严苛的“选拔赛”才能获得“上天”的资格。

首先在品种上，优先考虑我国具有自主知识产权的优良品种，比如“嫦娥五号”就搭载了中

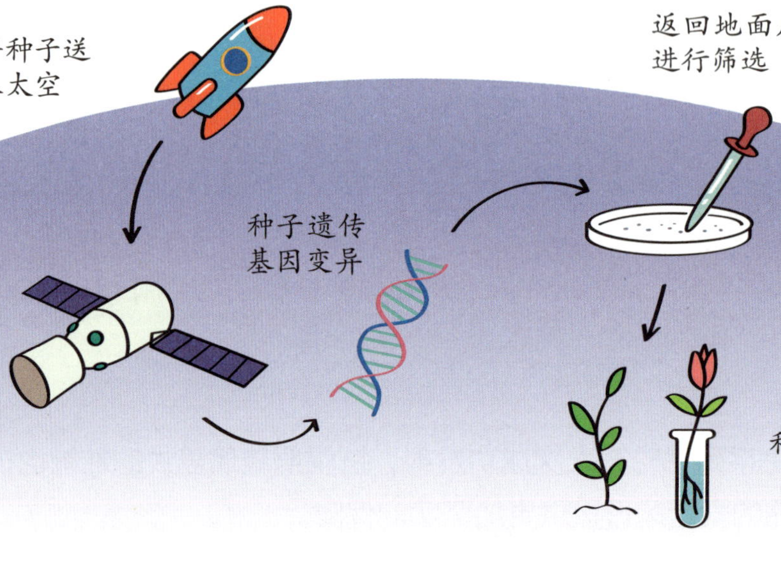

国第一、第二大牧草——紫花苜蓿和燕麦，开展空间诱变试验。然后是品质选拔，要求种子颗粒饱满、无损伤，确保发芽率在 95% 以上。

经过层层筛选，种子终于能够“上天”了。微重力、强辐射、高真空的环境让太空成了一个天然的超级实验室。以水稻为例，它在地球上的自然变异率只有二十万分之一左右，而航天育种的变异率可以达到百分之几，而且具有变异稳定性强、变异遗传性好等特点。这样的特性大大加快了优良品种的培育过程。

从太空到大地

种子返回地球，并不意味着任务结束。航天育种中，并不是每一颗种子都会发生突变，也不是所有的突变都对人类有益。因此，科学家们还得经过六至八代的精心选育，筛选出优质且稳定的品种。

拟南芥是双子叶、长日、十字花科植物的代表。很多蔬菜，比如青菜、油菜等都属于十字花科。

随着科技进步，我国航天育种逐步从单纯的太空诱变，扩展到植物全生命周期的空间栽培。2022 年 7 月，天宫空间站完成了太空环境下水稻和拟南芥的全生命周期实验。经过 120 天的空间培养，二者的种子完成了萌发、幼苗生长、开花结籽的生长过程。也就是说，我国科研人员已经成功在太空种植粮食！而且，这批太空水稻的种子已经在大田里试种并迎来丰收。

从太空种粮到大田丰收，科学家们正在一步步将“星际农业”的愿景变为现实。

中国空间站
如何获得不竭能源？

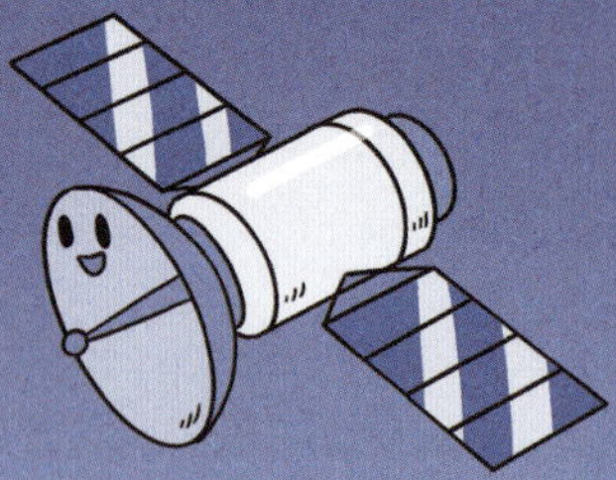

科技前沿

2024 年 3 月 2 日，经过约 8 小时的出舱活动，神舟十七号航天员汤洪波、唐胜杰、江新林密切协同，在空间站机械臂和地面科研人员的配合支持下，完成了天和核心舱太阳翼的维修工作。

中国空间站以天和核心舱、问天实验舱、梦天实验舱三舱为基本构型，长期可驻留 3 人、短期可驻留 6 人。它在满足航天员日常生活需求的同时，还要搭载多种科学载荷以开展科学实验，这对能源的需求非常大。那么，空间站的能源从何而来？

新一代
柔性太阳电池阵

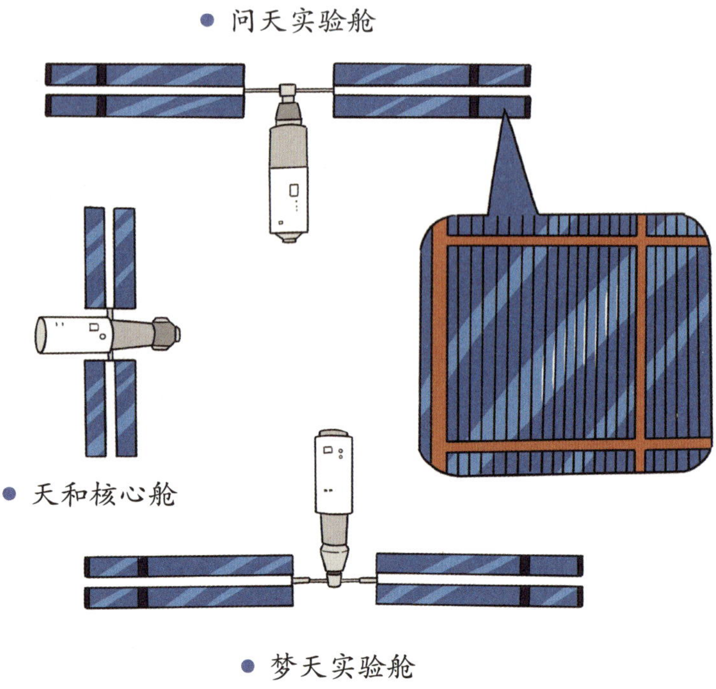

秘密就在于三组太阳翼里。这些“翅膀”上装有许许多多的深色小镜片，每一个小镜片宛如一座小型太空发电站，经串联、并联后组成太阳电池阵。有了它们，空间站就能将太阳能转化为电能，获得源源不断的能量。

既高效，又“抗造”！

光电转化率高，意味着相同的面积能发出更多的电力。

中国空间站上使用的太阳电池采用了一种叫砷化镓的半导体材料，其光电转化率高达 32%，达到国际先进水平。单是问天实验舱的太阳翼，一天的发电量都足够一个普通家庭使用一个半月。

另外，在轨飞行的飞行器每天都要经受十几次巨大温差考验，还要遭受强辐射、原子氧的侵袭。因此，科学家们为太阳翼研制了一种特殊的涂层，将太阳翼的电池寿命延长至 15 年！

薄如蝉翼，轻量！

微小颗粒的撞击也会给中国空间站太阳翼造成轻微的损伤。这些情况均在设计时被考虑进去。

中国空间站组合体的重量需要严格限制。相比于前代产品，新一代柔性砷化镓太阳翼进一步“瘦身”，每平方米的重量仅有传统电池的 50%。而且，整个柔性基板的厚度不足 1 毫米，单翼展开面积最大超 100 平方米的太阳翼，收拢后只有十几厘米厚。

柔性太阳翼收拢状态

随着空间站的建设和运营，中国在太空探索和利用方面的能力还会不断提升，为人类探索宇宙奥秘做出更大的贡献。

能开上火星的“车”有什么不一样？

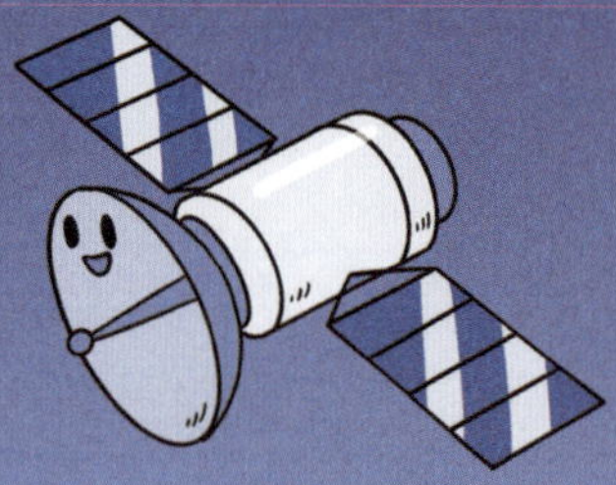

科技前沿

2021 年 5 月，“祝融号”火星车抵达火星表面，开启了计划 90 个火星日的旅程。截至 2022 年 5 月 5 日，“祝融号”共巡视探测了 347 个火星日，累计行驶 1921 米，大大超出既定的科学探测任务目标。

首辆火星车“祝融号”成功登上火星，开启了探险之旅。这辆能在火星上行驶的“车”到底有什么不一样呢？

火星的自转周期与地球不同，一个火星日大约是 24 小时 39 分 35 秒。

主动悬架

火星地貌非常复杂，既布满了大小不一的撞击坑，又有大量的石块和砾石，还有松软的沙地。“祝融号”采用了主动悬架移动系统，配合六轮独立驱动，就能够轻松应对复杂的地形条件。比如说如果前方有一块大石头，“祝融号”可以抬高车身“跨”过去；如果单个车轮发生故障，它可以抬起故障车轮继续前进；如果陷入了松软的沙地，它可以“蠕动”脱困，这还是科学家从昆虫“尺蠖”上获得的灵感。

● 前轮抬起姿态

● 中轮抬起姿态

车轮上的中国印记

除了车身和车轮不一样，“祝融号”的车胎上也藏着“玄机”——如果你看过它的车辙印，就会发现上面有一个“中”字。这个“中”不仅代表了“祝融号”的身份，还具备实际的技术功能：帮助科学家判断它在行驶过程中是否打滑。“祝融号”车轮每转 1 圈，就会向前行驶 1 米，所以车辙印上两个“中”字的理论距离是 1 米，如果距离明显缩短，就说明车轮打滑，车可能会发生沉陷。

“祝融号”总计在火星上行驶了 1900 多米，留下了将近 4000 个“中”字，期待未来，我们把更多的中国印记“写”在太空。

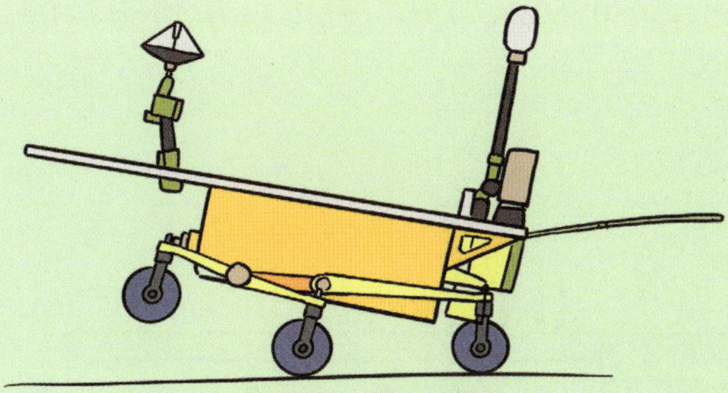

后轮抬起姿态

图中展示的是“祝融号”的“蠕动”方式。此外，“祝融号”还能“蟹行”和“踮脚”，可以说集各种“步法”于一身。

海上新“机场”
如何高效运转？

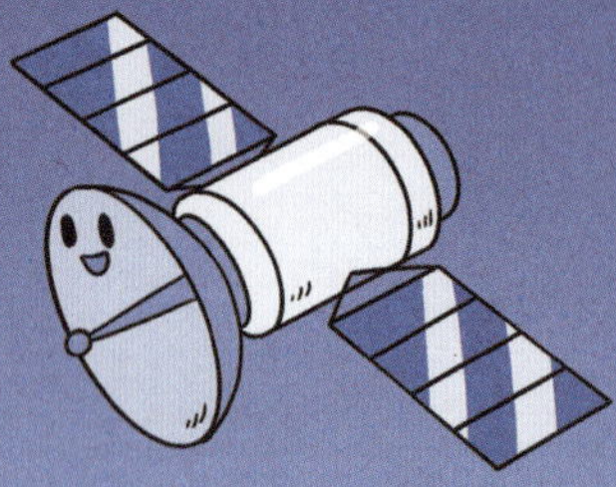

科技前沿

2022 年 6 月 17 日，我国第三艘航空母舰下水命名仪式在中国船舶集团有限公司江南造船厂举行。经中央军委批准，我国第三艘航空母舰被命名为“中国人民解放军海军福建舰”。

机场可以建在城市中，可以建在沙漠里，可以建在高山上，但你知道吗？在浩瀚的海洋中，我们又建起了一座新“机场”！它就是“福建舰”。

中国航母“三舰客”分别是辽宁舰、山东舰和福建舰。

福建舰舷号为“18”，舰长 320 米，舰宽 78 米，是我国完全自主设计建造的首艘弹射型航空母舰。2022 年 6 月，福建舰下水，我国正式步入“三舰客”时代。相比其他两艘航空母舰，福建舰新增了两大“黑科技”，让舰载机的起降效率大幅提升。

电磁“弹弓”

航空母舰上的起飞区域要比普通的机场跑道短很多，没有足够的距离加速至起飞速度，飞机就需要额外的“助推器”。福建舰是我国首艘使用电磁弹射技术的航空母舰，其原理是将电磁能

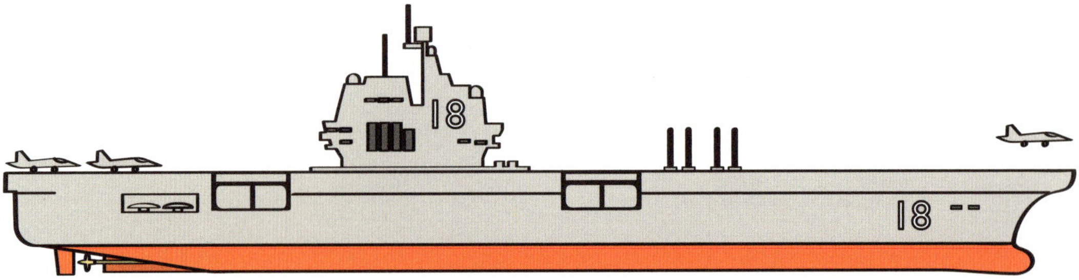

转变为飞机起飞时所需的瞬时动能，把飞机“弹”出去！和传统的蒸汽弹射技术相比，电磁弹射发动效率更高，发射间隔更短，大大提升了舰载机的出动频率。

电磁“刹车”

机场有飞机起飞，自然就有飞机降落。同样由于航母甲板长度有限，飞机在上面降落需要额外的“刹车”——阻拦系统。

一般来说，机场跑道的长度通常在 2000 米至 4000 米，这个范围能够适应大多数商用飞机的起降需求。

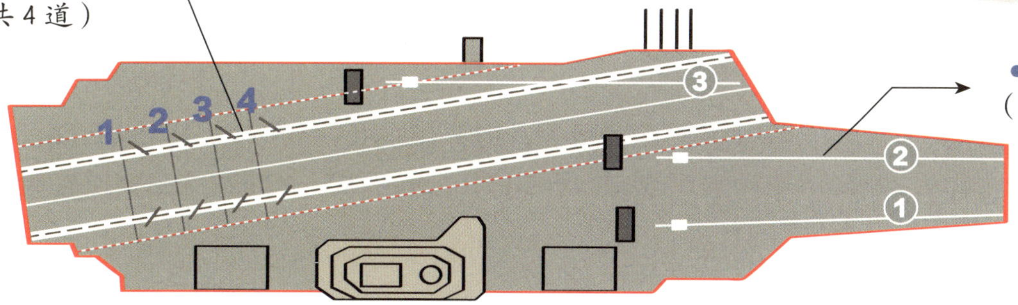

传统的阻拦系统采用液压式，这是一种机械系统，不但体积和重量大，而且对阻拦力的控制也不够精确。福建舰创新采用了电磁式，共配备了 4 道电磁阻拦索，可以自动调整阻拦力，实现精确阻拦，保障不同机型平稳降落。

阻拦索相当于航母上的“刹车带”，舰载机降落时，尾部的着舰钩会钩住阻拦索，阻拦索通过液压或电磁系统吸收动能，让飞机在极短的距离内安全降落。

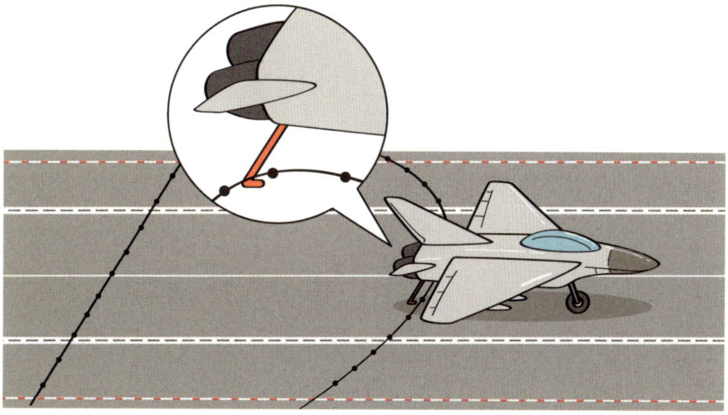

航空母舰是一个国家军事实力和综合国力的象征。如今，“三舰客”同行，共同为国家安全保驾护航。

用气球可以给气象“把脉”？

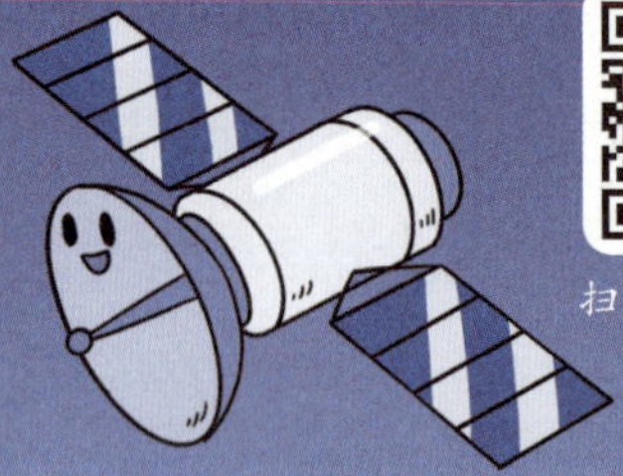

扫一扫，看视频

科技前沿

2024 年 9 月 14 日，“极目一号” Ⅰ 型浮空艇在西藏双湖完成了第 8 次科学观测。这是第二次青藏科考中，“极目一号”系列浮空艇首探藏北无人区，也是历次观测任务中搭载科学探测仪器最多的一次。

在地面上，我们可以用翻斗雨量计、风杯风速传感器，以及激光云高仪等工具对气象进行观测。而在青藏高原，使用“极目一号”这种浮空器来进行气象观测有着特殊的作用。

垂直剖面气象观测主要探测温度、湿度、气压、风、水凝物和气溶胶等气象要素，涵盖从地面到边界层、对流层乃至平流层以上的垂直大气柱。

高原气象“侦察兵”——气象气球

在青藏高原地区，受地形条件影响，气流一旦超过山的高度就会陡然发生变化，垂直剖面气象观测一直是个难题。要想准确观测到这些数据，观测器的高度就得超越山顶。气球是一种理想的工具，但要想到达理想的高度且携带专业探测设备，就必须使用专门的气象气球。气象气球通常由橡胶或塑料制成，充入氦气等比空气轻的气体后，便可以在浮力作用下升空。气象气球可以分为自由气球和系留气球：自由气球随风上升，适用于高空短期探测；系留气球通过缆索与地面设施相连，可在一定高度长时间驻留，主要应用于大气边界层探测。

精益求精的“极目一号”

“极目一号”浮空艇由中国科学院空天信息创新研究院自主研发，属于系留气球，它的外形酷似“大白鲸”。浮空艇的尾部采用倒 Y 形设计，可以更好地保证浮空艇在遇到大风时不会剧烈翻滚，保持稳定。不仅如此，尾部的三个尾翼在遭遇风向变化时还会快速调整方向，让浮空艇始终保持迎风状态，最大程度降低风阻，提高观测的稳定性。

2022 年 5 月 15 日，“极目一号”Ⅲ型浮空艇在海拔 4270 米的中国科学院珠峰站附近发放场地升空，升空高度达到 4762 米，创造了海拔 9032 米的大气科学观测世界纪录。5 月 21 日凌晨，浮空艇升空高度至海拔 9050 米，再次刷新纪录。

“极目一号”浮空艇历经三代升级，从Ⅰ型发展到Ⅲ型，体积越来越大，驻空高度越来越高，系统的复杂程度与技术难度也逐渐递增。其中，Ⅲ型浮空艇长 55 米，高 19 米，体积 9060 立方米，可以将多种大质量载荷从地面携带至海拔 9000 米的高度。通过“极目一号”浮空艇，科研人员能够实时监测大气中的水汽稳定同位素、黑炭颗粒、粉尘含量以及甲烷、二氧化碳浓度，精确追踪这些元素从地表到数千米高空中的动态分布规律。同时，由于它属于无动力浮空艇，对大气没有扰动，测量的大气参数也更准确。

“极目一号”浮空艇一次又一次刷新系留气球驻空海拔高度的世界纪录，获取了大量宝贵的科学数据，为全球气象观测事业贡献了中国智慧。

怎么给黑洞拍一张“证件照”？

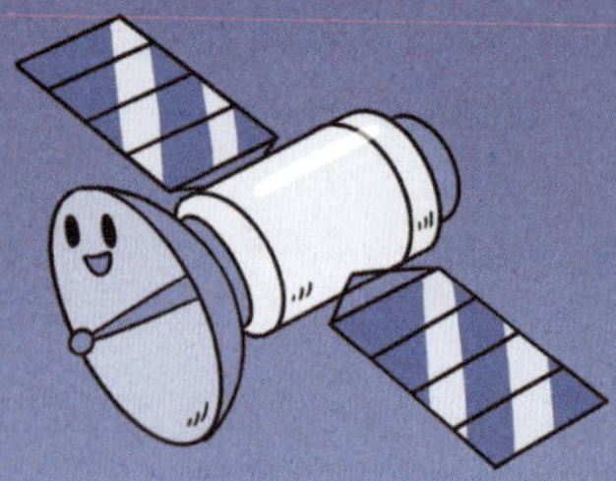

科技前沿

2024 年 3 月 27 日，事件视界望远镜（event horizon telescope，EHT）合作组织发布了一张新的照片，这是人类首次看到的、隐藏在银河系中心的超大质量黑洞——人马座 A* 在偏振光下的图像。

我们能看见星星，是因为星星发出或反射的光会进入我们的眼睛。而黑洞的引力极大，大到连光也无法逃脱，那科学家是怎么“看见”黑洞，还给黑洞拍下照片的呢？

事件视界，是理论上的“不可逃逸边界”。一旦进入这个无形的黑洞边界，任何事物，哪怕是光，都无法逃逸。

浩瀚宇宙中，如何寻找黑洞的身影？

黑洞的引力十分强大，任何进入事件视界的物质都会被吞噬。由于事件视界内的光无法传播到外界，因此我们无法直接看到黑洞。不过黑洞并非完全无迹可寻，它会在周围环境中留下“线索”。例如，黑洞的强大引力会影响邻近天体的运动轨迹，科学家可以通过观察恒星的异常运动来推测黑洞的存在。此外，被黑洞吞噬的物体会在坠落的同时在其周围高速旋转，物质被加热并释放强烈的电磁辐射，这些辐射可被 X 射线望远镜、射电望远镜捕捉到。

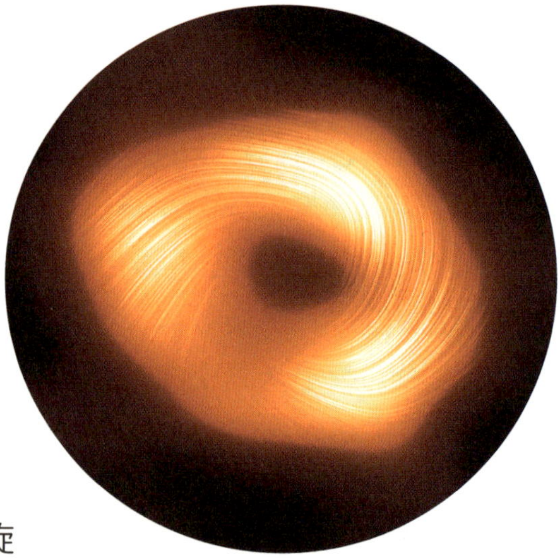

银河系中心的超大质量黑洞——人马座 A* 在偏振光下的图像

给黑洞拍照，总共分几步？

人马座 A* 位于银河系中心，距离地球约 2.7 万光年，很可能是离地球最近的超大质量黑洞。给如此遥远的黑洞拍照片，相当于在地球上用望远镜观测月球表面的一个苹果。

其实，用来观测黑洞的“事件视界望远镜”并不是一台真正意义上的望远镜，而是由多个射电望远镜（阵）所组成的观测阵列。在对黑洞人马座 A* 的观测中，共用到了分布在全球六地的 8 个射电望远镜（阵），这些望远镜组合起来，就像一台口径等于地球直径的巨型望远镜在工作，从而获得超高分辨率的图像。

人类拍摄的第一张黑洞照片是距离地球 5500 万光年的 M87* 黑洞的照片。此次拍摄从 2017 年开始，经历了 2 年的数据分析，才在 2019 年 4 月 10 日发布。

当然，黑洞照片的拍摄绝非简单的“快门一按”。这些望远镜需要在特定的窗口期，连续数天联合观测黑洞，记录海量观测数据。然后，科学家们利用超级计算机和复杂算法进行数据处理、叠加和成像。最终，我们才得以看到这张黑洞“甜甜圈”的影像。

如何成为“天宫”最强快递员？

科技前沿

2024 年 11 月 15 日 23 时 13 分，天舟八号货运飞船成功发射，给“天宫”空间站送去了约 6 吨物资。这是我国载人航天工程进入空间站应用与发展阶段后的第 3 次货运补给任务。

在太空中，空间站的运行离不开“快递员”——货运飞船。作为我国自主研制的新一代货运飞船，“天舟”系列不断升级优化，为“天宫”送去补给，让空间站的科研任务顺利推进。

持续升级的天舟飞船

所谓“兵马未动，粮草先行”。自天舟六号起，货运飞船升级为改进型货物舱，其装载空间大幅增加了约 24%，发射频次也由一年两次优化为两年三次，进一步节约天地运输成本。这次发射的天舟八号飞船全长达 10.6 米，货物舱最大直径 3.35 米，太阳翼展开后，翼展能够达到 14.9 米，货物舱装载空间 22.5 立方米，整船的物资装载能力达到 7.4 吨，是世界现役货物运输能力最大、货运效率最高、在轨支持能力最全面的货运飞船。

天舟八号携带了超过 80 千克的新鲜水果，以满足航天员们在太空生活中的营养需求。

天舟的能源奥秘？

除了“快递小哥”，货运飞船还有另一个身份——太空“充电宝”。它可以与空间站开展并网供电，在整个空间站能源供给方面发挥重要作用。

飞船搭载的“巨型翅膀”——半刚性太阳电池阵，能够高效获取太阳能，并实现自主供电。这种电池阵由多个小型太阳能电池板组成，采用碳纤维框架和玻璃纤维网格结构，相较传统刚性基板更轻便，同时保持高效的能量转化能力。

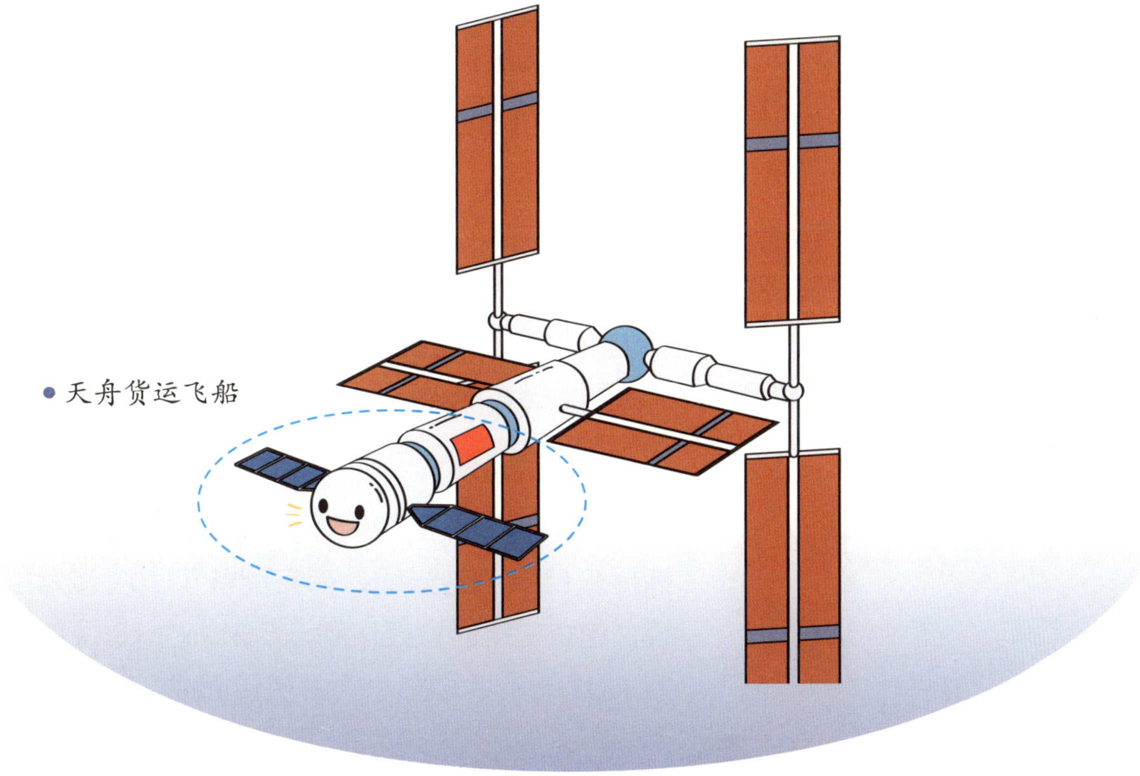

与空间站组合体对接前，货运飞船与空间站是两套独立的能源系统；对接后，货运飞船可以与空间站互相输送电能资源。当太阳光不足的时候，它的电池阵进入“半睡眠”状态，通过向空间站请求“并网供电”输入的方式获取能量，减少自身能源消耗；而当太阳光充足时，电池阵就会从“半睡眠”中苏醒过来，保障自己与空间站的能量供给。也就是说，货运飞船与空间站既可以独立充电，也可以互相充电，实现能源的高效利用。

有了天舟飞船这个最强“快递员”，空间站在遥远的太空也能够保证粮草充足，再无后顾之忧！

谁是太空中的“眼力王者”？

科技前沿

2025 年 3 月，两个不同天文学研究团队在已知最遥远的星系 JADES-GS-z14-0 中探测到了氧元素。这个星系于 2024 年由詹姆斯·韦布空间望远镜发现，距地球约 134 亿光年。

詹姆斯·韦布空间望远镜（以下简称韦布）是迄今最大的红外空间望远镜，由美国国家航空航天局、欧洲航天局和加拿大航天局联合研发，于 2021 年 12 月 25 日发射升空。相比 1990 年发射的哈勃望远镜，韦布能观测到更遥远、更暗淡的星体，是太空中当之无愧的“眼力王者”。

为什么韦布能看得这么清晰?

想要观测遥远的天体，就需要尽可能多地捕捉来自宇宙的光线。韦布配备了一块超大主镜，这块主镜的直径达到 6.5 米，由 18 块直径为 1.32 米的六边形小镜片拼接而成。每块镜片下装有微小的机械马达组件，用来调整镜面角度，从而准确地把光线反射聚集到副镜。次镜再进一步把光线聚焦在红外探测器，从而完成接下来的数据收集工作。

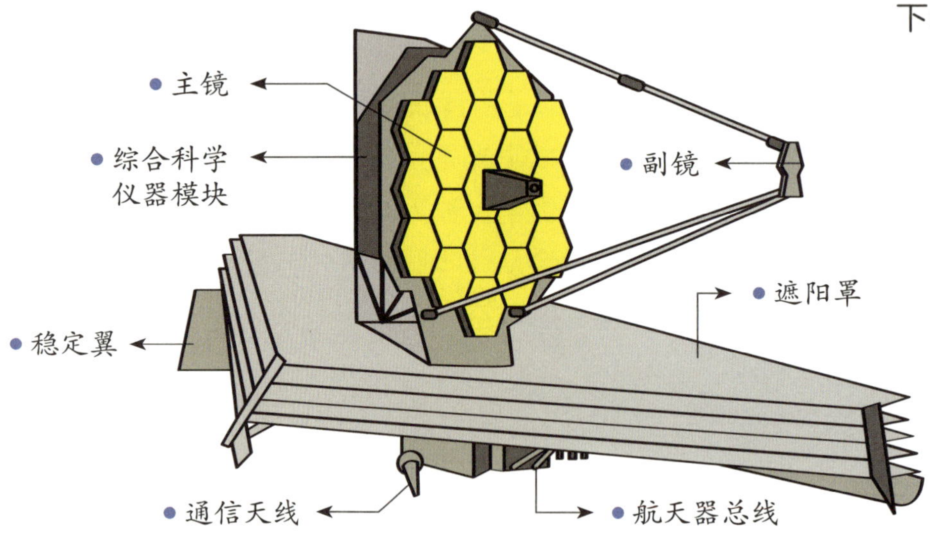

韦布的主镜由金属铍制成。铍具有轻质、耐低温的特点，因此尽管主镜展开后面积达25平方米，但总质量仅705千克，比同尺寸的玻璃镜面轻得多。

值得一提的是，这些小镜片的表面喷涂了一层厚度仅100纳米的黄金！这是因为金是一种惰性金属，不但化学性质稳定，有极强的抗氧化能力，可以保护镜面，并且对于红外波段有着极高的反射率，能确保光线高效汇聚。而镜片基底采用的铍材料具有极低的热膨胀系数，可有效抑制温差引起的镜面变形，保证观测精度。

为什么韦布能看得这么远？

绝对零度是热力学的最低温度，单位是“开尔文”，用大写字母K来表示。绝对零度就是0 K，用摄氏度表示为 −273.15 ℃。

韦布的观测波段涵盖范围为0.6微米至28.8微米，主要覆盖电磁光谱的红外波段。然而，红外观测对温度极为敏感，观测设备需要远离一切热源辐射，望远镜本身也须尽可能接近绝对零度，否则会对观测造成干扰。为了满足这一条件，韦布搭载了一个巨大的遮阳罩，展开后面积约相当于一个网球场。这块遮阳罩由5层遮光薄膜组成，每层薄膜之间有一定的间隙，可逐层散热，有效隔离太阳、地球和月球的热辐射，从而保持望远镜的低温工作环境。

凭借超高的探测能力，韦布不仅拍摄到了细节惊人的深空图像，还揭示了宇宙早期星系的光芒，为人类探索宇宙的奥秘提供了前所未有的视角。

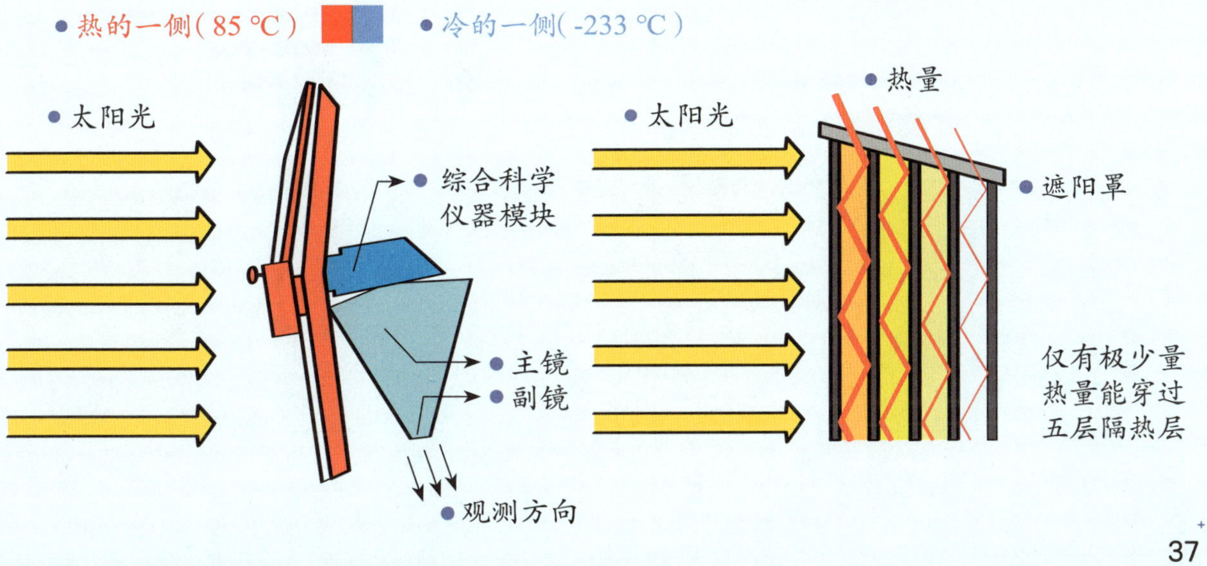

神舟安全返回，
全靠这顶“大伞”

科技前沿

2025 年 4 月 30 日，神舟十九号载人飞船返回舱在东风着陆场成功着陆，标志着神舟十九号载人飞行任务圆满落幕。

你了解跳伞这项极限运动吗？其实，和跳伞者需要降落伞一样，神舟飞船在返回地面时也要靠一顶特制大伞减速，这就是大名鼎鼎的“神舟大伞”。

空中“刹车”

在着陆前的最后 10 千米，神舟飞船返回舱的速度会达到约 200 米 / 秒，相当于民航客机的巡航速度。为了安全着陆，必须实现“空中刹车”。

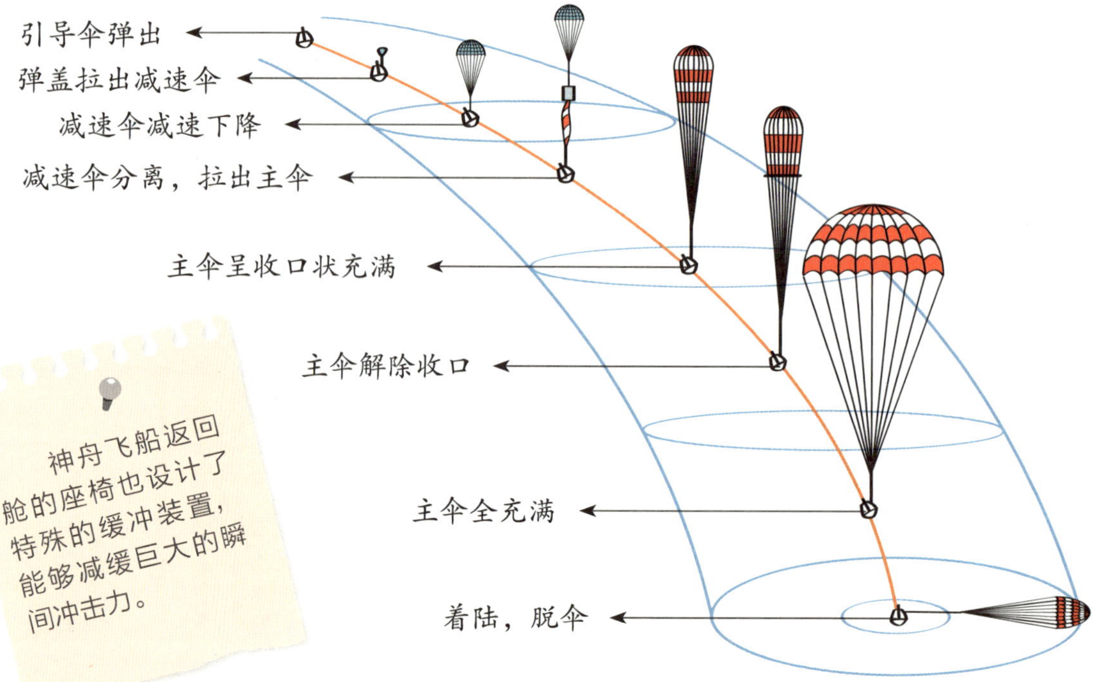

神舟飞船返回舱的座椅也设计了特殊的缓冲装置，能够减缓巨大的瞬间冲击力。

这时，神舟大伞闪亮登场！

其实，大伞不是一顶伞，而是一套完整的降落伞系统，包括了引导伞、减速伞和主伞。在收到启动信号后，引导伞率先弹出，拉出减速伞，返回舱的速度逐渐降到 100 米 / 秒左右。完成任务后，引导伞和减速伞相继脱离，主伞接力登场！主伞的伞面大小足有 1200 平方米，大小相当于三个篮球场。随着主伞展开，返回舱速度进一步降到 8 米 / 秒左右。在返回舱接近地面 1 米时，底部的 4 台反推发动机同时点火，将速度瞬间减至 1~2 米 / 秒，最终实现平稳着陆。

为了防止主伞出现故障，返回舱还配有备份伞，以保证航天员的安全。

轻便与强韧兼具

别看神舟大伞展开后如此庞大，叠起来的体积比一个普通的家用冰箱还小，重量只有 90 多千克。它是由 1900 多片小布块拼接，再用加强型编织带缝合而成的。这样既能让空气穿透缝隙，减小阻力，又能确保足够的抗撕扯力。这些布还经过防灼处理，可以耐受 400 ℃的高温。

更让人惊讶的是，伞绳的直径只有 2.5 毫米，但就是这样一根细绳能承重 300 千克。主伞连接着近百根这样的伞绳，稳稳拉住 3 吨多重的返回舱。

神舟大伞以其卓越的强度和耐高温性能，已经成功护航 19 艘飞船平安返回，是名副其实的“生命之伞”。

叮！您有一条
卫星来信

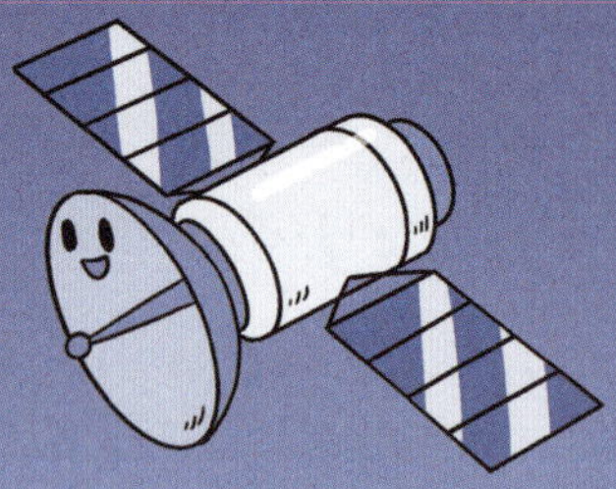

科技前沿

2024 年 9 月 19 日，第 59 颗、第 60 颗北斗导航卫星相继发射，顺利进入预定轨道。这是北斗三号全球卫星导航系统的最后两颗卫星，标志着整个工程正式收官。

叮，短信来了！手机短信大家肯定都非常熟悉，但你有没有收到过来自北斗卫星的信息呢？

北斗卫星 导航系统

2000 年，我国相继发射两颗北斗导航试验卫星，建成了北斗一号系统，成为世界上第三个建成卫星导航系统的国家。2000 年至 2020 年，科研人员陆续成功发射 55 颗北斗导航卫星，构建起了覆盖全球的北斗卫星导航系统。它不但能够为用户提供精准、实时的定位信息，还能进行短报文通信——这可是北斗导航系统的一项独门绝技。

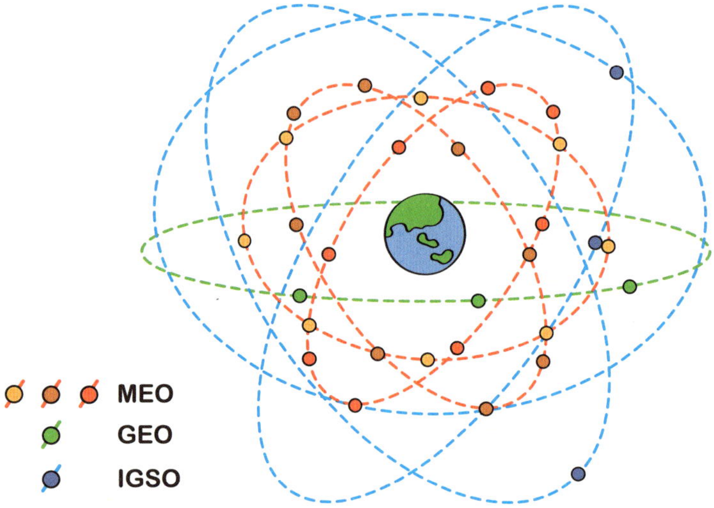

北斗三号全球星座由地球静止轨道（GEO）卫星、倾斜地球同步轨道（IGSO）卫星、中圆地球轨道（MEO）卫星三种轨道卫星组成。

北斗短报文通信有多牛？

普通手机短信基于地面蜂窝网络的通信协议。北斗短报文通信则是基于北斗卫星导航系统的天基通信方式。通俗点说，手机短信通信依赖建在地面的基站，北斗短报文通信依靠天上的北斗卫星。

地面基站的覆盖面有限，在人迹罕至的区域，往往就会出现信号盲区。北斗短报文通信则不同，哪怕在荒无人烟的沙漠中、波涛汹涌的大海上，或是在白雪皑皑的高山之巅，依然可以通过北斗卫星实现卫星版“发短信”，短信中还能显示发布者的精确位置。

短报文通信的进阶之路

在紧急情况下，比如发生自然灾害或抢险救灾时，如果能发送更多、更具体的信息内容，就能帮助救援人员更快、更准确地实施救援计划，挽救更多生命。所以，北斗短报文在不断“扩容”。

如今，北斗三号不但可以传输文字，还能传输语音和图片，它的区域通信能力达到每次 14000 比特，大约可以发送 1000 个汉字；全球通信的能力提升到了每次 560 比特，相当于 40 个汉字。

“夫乘舟而惑者，不知东西，见斗极则寤矣”。古时，人们依靠北斗星辨认方位；今天，北斗卫星导航系统将星空中的引导化为精准定位和信息传递，以科技的力量传承这一智慧。

通过搭载特制的芯片，手机也可以实现北斗短报文通信功能。